未读 | 探索家

博物学家的神秘动物图鉴（新版）

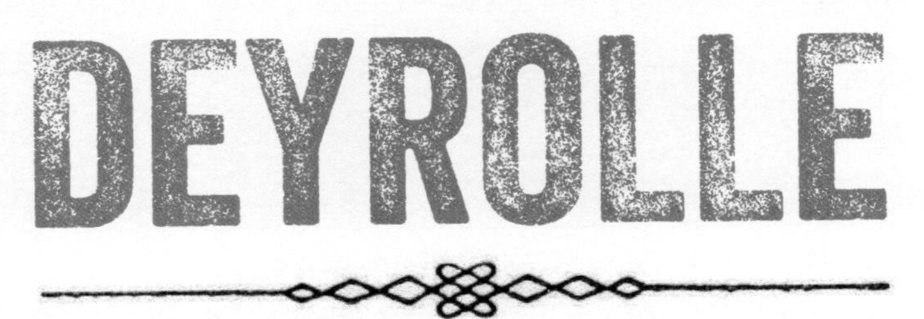

[法] 让 – 巴普蒂斯特 · 德 · 帕纳菲厄 文
[法] 卡米耶 · 让维萨德 图

樊艳梅 译

四川科学技术出版社

目录

SOMMAIRE

序

PRÉAMBULE

路易·阿尔贝·德布罗意（Louis Albert de Broglie）
戴罗勒商店（Deyrolle）[1]店长

O tempora o mores[2]！一代又一代的学生在这个世界长大成人——从朱利·费里[3]创办的学堂到20世纪70年代的学校，这些学生有的认真，有的散漫，却都深受戴罗勒商店著名的绘本丛书《物的教育》的影响，这一丛书被认为是一套伟大的公民教育读物。

我们都记得绘本中系统化的语言，每一页都有一张插图，旁边配着简洁凝练的文字。直至孩子们长大成人后，留在他们记忆里，甚至可以说是深深根植于他们心中的，还是那些漂亮的动物插图、植物插图，地图、解剖图与骨骼图、公民教育连环画，其中一些图画旁边还标着"通用博物学图典"的字样。

哦，故事简直太多了！我知道在同样的教室里，我们的老师还在不断要求大家听从命令、遵守纪律，他们反对寓教于乐，因为愉悦的教育使学生的目光与注意力脱离了一本正经的课堂。不知有多少次，老师用严厉的话语提醒那些上课不专心的学生（也包括当年的我）认真听讲，强迫学生去墙角面壁思过，我们还会被"戴上驴帽"[4]。或许，这些三心二意的学生恰好也都知道我们的朋友"卡迪松"[5]到底是什么呢。

老师反对学生课堂上娱乐，学生不理解老师的严厉。尽管我们抗拒埃米尔·戴罗勒[6]倡导的观念——视觉教育是最不容易让人厌倦的教育，只有当传递给学生的思想十分准确的时候，这种教育才能取得好结果。但我们仍然可以看到，正是这些绘本默默地给我们上了一堂最美好的课——关于生命的课。

我们的精神将开始欢快地四处漫游，就像诗人普雷韦所言，"进入自由的世界"！这广阔的草地，我们将跑遍它的每一个角落，我们将满怀兴致地探究青蛙的变态、鸡蛋的变化。在书中，我们不仅可以读到一只鸡或者一种无脊椎动物的解剖学描述，更重要的是可以观赏绘画艺术，了解动物不可思议的身体结构变化，一切都直白、易懂。

我们所有的感官都被调动起来，一个异想的世界出现在我们面前，它把我们带进真正属于我们

---

1. 戴罗勒商店(Deyrolle)，位于巴黎七区巴克街上，1831年由一名叫让-巴帕蒂斯·戴罗勒的博物学爱好者创办，致力于收集动物化石标本。它还向中小学生提供实物、挂图，并出版发行了众多的植物科普知识彩色图书。

2. 拉丁语，出自《西塞罗演说集》，意为："怎样的时代！怎样的社会风俗！"

3. 朱利·费里（Jules Ferry，1832—1893），法国政治家，法国公立义务教育的创始人与推动者。

4."戴上驴帽"，意为愚蠢，即差生的代名词。

5. 卡迪松（Cadichon），法国20世纪80年代一部卡通片的主人公，是一头驴子。

6. 埃米尔·戴罗勒（Émile Deyrolle，1838—1917），戴罗勒商店曾经的老板。

的时代，构建一个只属于我们自己的动物世界，没有谁可以将这个世界从我们这里偷走。虽然我们心思完全离开了课堂，但是大家都收获了许多，我们变得比任何人都厉害，比高大的人还要高大，比强大的人还要强大，比尤利西斯、马可·波罗或者儒勒·凡尔纳、爱伦·坡还要见多识广。我们面对着不同的生物，遨游在不同的海洋中，寻找着不同的冒险、不同的战利品：鹿角兔、独角兽、龙……我们怀揣着梦，比那些顺从的孩子更勇敢。我们去挑战两头蛇，还有可怕的利比亚蛇、曼提柯尔蝎狮兽、鹰身女妖哈耳庇厄；我们逃离北海巨妖克拉肯、巨鱼怪刻托、长着十只脚的大怪兽；我们不会惧怕流血，不会在与敌人对抗时有丝毫畏怯，因为我们了解生活、故事、祖先的智慧，也了解治愈最致命伤口的药方；我们会成为天地间不死鸟一般的探险家，我们是久负盛名的大地上永恒的生存者。

我们还不知道可能会降服什么样的美人鱼，或者某一天会抓住什么样的雪怪，但是我们已经学会了狗头人的语言。我们骑过了牛骡，抓住了七头蛇，饲养过塔哈斯克和角兔。我们还与巨翅鳐鱼和狮鹫一起飞翔，一起去寻找新的宝藏，那些宝藏将不断地丰富我们的奇物陈列室。这些陈列室永远都那么神秘，胆小鬼和门外汉不可能理解也无法想象，只有“独角兽”或者“尼斯湖水怪”这些词才能使他们逃离日常生活，让他们好奇或者沉醉。

这些我们熟悉的伟大神话应该永远流传下去。我们中必须有人能巧妙地将我们的探险、我们的奇妙旅行糅合在一起，在未来的某一天创作出超越自然历史的一幅幅画卷。

神奇的朋友卡米耶·让维萨德，根据让-巴普蒂斯特·德·帕纳菲厄智慧而充满诗意的文字画出了这些动物，我们为之深深着迷，在此对他们表示深深的感谢。

戴罗勒商店
始于1831年

DEYROLLE
Depuis 1831

博物学家的神秘动物图鉴

神秘的，看似真实存在的，甚至确实存在的动物……

CRÉATURES FANTASTIQUES

MYSTÉRIEUSES, VRAISEMBLABLES
ET PARFOIS RÉELLES...

一切皆有可能的世界

倘若古时候的地理学家和博物学家说的话是真的，那么这个世界上就真的存在过长着狗头的人、引发海难的美人鱼、不死鸟和与岛屿一般大的鲸鱼。面貌奇怪的动物可能会随时从居民区周边广阔的丛林中或是深不见底的沼泽中出现。当旅行者穿越辽阔的沙漠，或者航行在无边无际的大海上时，他们每时每刻都在期待着不可想象的奇遇。有时，刚走出自家门口就能看到迎面而来的海洋怪物或者森林奇兽。

在一个认知尚浅、居民尚少的世界，一切皆有可能——至少一切都似是而非：不为人所知的巨兽，让人吃惊的各种变形，从不同生物，甚至人类——身上借来的各个部分组合而成的动物。男神、女神、牧神、山神、诸多森林与水流中的神祇，一直在催生新的物种。旅行者反复讲述着侏儒、独角兽与巨鹰的古老故事，丰富着它们的内容，最终这些故事都成了一些平淡的事实。有时也会有学者对其中某些动物的存在表示怀疑。如普林尼[1]就不相信有美人鱼、飞马，但他又不无委婉地说道："在真正出现以前，有多少东西是不可想象的！"这样的怀疑通常很有限，大部分被记载下来的动物都会被当作真实的存在，传奇故事有时也会被证实——既然有犀牛，为什么就不能有龙呢？

大海中总是时不时地出现各种各样的怪物，但是大部分奇特的动物都存在于印度以及埃塞俄比亚（非洲大陆）。热带地区适宜巨兽、怪兽的出现。北欧地区也有不少，希罗多德[2]描写的怪兽——狮鹫正是出现在那片极北地区。中世纪时期，旅行者一直都在寻找这些怪兽，他们的确找到了一些。所以，马可·波罗说独角兽同印度犀牛很相似。他还提到了巨大的象鸟，但这就只是他听来的了。与此同时，克里斯托弗·哥伦布也确信自己会在旅途中看到美人鱼——他的确看到了，但那其实只是海牛……

造物图

不管怎样，如今这个时代，没有谁会真的喜欢去描写自然本来的样子。大部分作家都认为，自然的一切都已经被别人，尤其是被亚里士多德与普林尼写尽了。关于动物的书，要么是真实存在的各种动物的狩猎指南，要么是关于动物学的论著。后者或多或少都借鉴了《动物志》，这本书源于2世纪时的一部希腊语手稿，后由圣徒昂布鲁瓦兹[3]重写，可能由不同出处的文章集合而成。这是一本虚构的故事集，其中既有狮子与斑鸠，也有凤凰、独角兽与美人鱼。一些作者只满足于翻译这部作品，还有一些作者把普林尼或者伊西多尔·德·塞维勒[4]作品中的一些逸闻趣事也添入了其中。大自然是一本等待解读的书，是一系列需要从动物的行为中读懂的信息。

1. 普林尼（Pline，23—79），罗马作家、博物学家，著有百科全书《博物志》。
2. 希罗多德（Hérodote，前484—前425），古希腊历史学家。
3. 昂布鲁瓦兹（Saint Ambroise，340—397），又称米兰的昂布鲁瓦兹，曾任米兰主教。
4. 伊西多尔·德·塞维勒（Isidore de Séville，560或570—636），西班牙历史上塞尔维亚城的一位主教。

如果大自然借由自己在大地上创造的动物来向我们揭示他的意图：会飞的哺乳动物，比如蝙蝠；没有脚的四足动物，比如蛇；还有夜行鸟，比如猫头鹰……那么从想象中而来的动物则更像是魔鬼的杰作，由彼得 勃鲁盖尔1或者热罗姆 博斯2所画的魔鬼周围充满了各种混种兽、有鳞片的猫或者有翅膀的鱼，它们象征着自然界中尚未出现、规则尚未被遵循时，可怕的混沌统领着一切。

混种兽及与它们相近的所有怪兽，同样吸引了早期的博物学家。所谓的"怪兽"是指表现出极度反常特质的动物或者人类，比如长着两个头的牛或者连体婴儿。最初，这种现象被视作神明意志的表现或者暗示。在成为研究对象之前，它们是有待阐释的符号。中世纪时期，这个词也指多少有些吓人的传奇动物。著名的外科医生昂布鲁瓦兹·帕雷[3]专门撰写了一本关于独角兽的书。他还写了一本书，书名是《怪兽与奇物》。一开始他就明确指出："怪兽是指自然进程之外的动物，通常它们暗示着即将到来的不幸。"他对样貌奇特的动物与婴孩很感兴趣，他们出生时，要么多长了一个器官，要么少长了一个器官，要么脑袋长得像另一种动物。后来他又开始研究魔鬼以及关于魔鬼的幻象，接着，他又开始研究海怪、美人鱼、特里通，还有长得像和尚或者主教的鱼。帕雷所写的大部分神奇动物都借鉴了"宇宙学专家"安德雷·戴维[4]的作品。帕雷大概是在旅途中见到了那些动物，但是他不顾自己的信仰随意解释它们，改变它们的模样。如今看似很寻常的动物，比如大象或者鸵鸟竟然与"树栖长毛兽"和"人面虎身兽"[5]一起出现，这两种动物直到今天都还是谜！

正是在那个时期，即16世纪时，皮埃尔·博隆、纪尧姆·隆德莱这样的博物学家出版了自己的著作。他们参考了古代的著作，但更重要的是，他们提出了自己的观点，这才是一种真正的创新。这些动物学论著粗浅地描述了欧洲的动物，但这并不妨碍它们的作者对海里长着鳞片的狮子或是独角兽的兴趣。他们中有些人拒绝接受明显是编造出来的怪兽，例如用鳐鱼干假扮的鸡蛇兽或者美人鱼。其他人则愿意保留一切，他们觉得很难摒弃那些也许是由神的意志所创造的动物。

美洲的发现一开始并没有颠覆古老的神话，相反，那些发现还丰富了奇特动物的记录。探险家的故事要么表现出对神奇的动物显而易见的偏好，要么坚持客观而准确地观察事实，提出新观点。1709年，数学家、植物学家、神父路易 弗耶（Louis Feuillée）游览了新世界，并且承认了它的迷人之处："一直孕育新生的自然有一种强大的力量，宇宙中不存在任何东西可以阻止自然促使生命发生变化。"他是这么描写马尼库（manicou）的："一种特别的动物，天生属于怪兽……由老鼠、狐狸、猴子以及獾杂交而成。"这种动物虽然被他当作怪兽，但是它的确存在，因为我们可以根据他翔实的描写毫不犹豫地认出，它其实就是负鼠（在马提尼克岛它一直被叫作马尼库）。

---

1. 彼得·勃鲁盖尔（Pieter Bruegel，约1525—1569），尼德兰画家。
2. 热罗姆·博斯（Gérôme Bosch，1450—1516），尼德兰画家。
3. 昂布鲁瓦兹·帕雷（Ambroise Paré，1510—1590），法国外科医生、解剖学家。
4. 安德雷·戴维（André Thevet，1516—1590），法国探险家，地理作家。
5. "树栖长毛兽"（le hulpalim），与猴子相似的一种四足哺乳动物，手足似人，其他部位长满长毛。"人面虎身兽"（le tanacht），脑袋形似人类，身体形似老虎，最早被认为生存于印度，有人认为是懒猴。参看下文第50页"其他的四足兽"。

新出现的龙

19世纪人们就变得更加理性了。许多地方尚未被开发，至少对西方的旅行者是如此。文艺复兴时期以来，对生命世界的记录整理以系统的方式持续展开。航海家与博物学家不断发现、确认新的物种，尤其是在热带雨林与大洋深处——那里似乎隐藏着不可计数的宝藏。远古时期遗留下来的怪兽开始从地球上消失，甚至连曾经的学者所写的故事中都没有将它们保留下来。从此，安德雷·戴维不再仅仅是一个“糊涂的僧侣”、一个“喜欢絮絮叨叨地讲述各种各样蠢事的人”——就像之后保罗·德洛内[1]写的那样。

然而，许多怪兽被博物学家们亲眼见过、亲自确定过，这证明了它们的确存在。这样的动物都曾被怀疑，比如北海巨妖克拉肯，它是一种巨型枪乌贼。在马达加斯加，一些遗骨证明巨鸟曾长期存在，这使人想到神奇的罗克鸟（象鸟），虽然它们不能飞。古生物学家描写的动物比《圣经》中的利维坦[2]或者神话中的龙更可怕——地球上诞生了恐龙！对一些人来说，这是为远古生物正名的机会：“斑龙是一种至少有30英尺（9米，1英尺≈0.3米）长的巨型蜥蜴，从它身上怎么会认不出被圣女玛莎驯服的罗纳河怪兽塔哈斯克呢？”连乔治·居维叶[3]本人都承认蛇颈龙与古代建筑上的水龙怪兽有几分相像。在他看来，翼手龙的确会让人想到寓言故事为我们讲述的“那些龙”，它们在上古的时候与人类夺取大地的所有权，而消灭它们，是“传奇英雄、半神和神的主要任务”。

在《传奇动物博物志》中，朱利·勒孔特又推进了一项研究课题，他的科学研究把过去的传说作为非常重要的依托。“只要一点点想象力，你就会相信某些巨兽的确存在过，它们之所以变得神秘是因为这一物种灭绝了。而博物学可以利用归纳法以及参照概率使原先看似随意创造的东西变成具有科学性的存在。”最早的科学，如古生物学和比较解剖学成了反宗教的缘由，因为这些可怕的动物正好对应着“对《圣经》的反抗”。“这些反抗在19世纪被认为是没有出路的，最终却被科学发现所解决。”正因为如此，1833年的《基督哲学年鉴》提出，恐龙足以让人相信《圣经·旧约》中的龙是真实存在的！

欧洲的狮子从它原先生活的地区消失了。但正如朱利·博杰·德·伊柯西弗雷[4]在《畸形学传统》中说的：“难道和人类失去联系的动物就完全不可能在某些不可抵达或者尚未开发的地方继续存活着吗？”只要稍稍再拓展一下假设的可能性就可以想象，恐龙及其他的史前动物很可能一直存活到了现在，就像“福尔摩斯之父”柯南·道尔在《失落的世界》中所描绘的世界那样。我们在湖泊中寻找蛇颈龙，在非洲的沼泽地寻找梁龙，如果我们最后发现北海巨妖克拉肯的确是存在的，那我们刚刚才开始探索的深海海沟中就很可能还存活着其他的奇兽。朱利·勒孔特问道：“谁能说明白大海所有的秘密呢？”这正好回应了3个世纪前皮埃尔·博隆说过的那句话：“完全可以相信大海中会出现可怕又奇怪的东西。”

对博物学家而言，避免两种潜在的危险是很重要的。一种是普遍化的怀疑主义，它会妨碍我们接受新的观念。另一

1. 保罗·德洛内（Paul Delaunay，1878—1958），法国医生、历史学家。
2. 利维坦（Léviathan），《圣经》中象征邪恶的一种海怪，通常被描述为鲸鱼、海豚或鳄鱼的形状。
3. 乔治·居维叶（Georges Cuvier，1769—1832），法国比较解剖学家、古生物学家。
4. 朱利·博杰·德·伊柯西弗雷（Jules Berger de Xivrey，1801—1863），法国历史学家，以博学出名。

种是过于盲从，这会使他们在同行中反而显得不可信。事情并不总是清晰可辨的。如果我们抓到了一种动物，我们就可以证明它的存在，但是怎样证明一种动物不存在呢？而且，研究者有时会面对虚假的编造或者非常逼真的虚构：欧洲的动物标本制作师长久以来都在制作长翅膀的兔子和长角的兔子的标本；水手们说南部的大海中有美人鱼木乃伊——其实那是由风干的猴子和鱼尾巴组合起来的东西。1842年，美国著名的马戏团老板费尼亚斯·T.巴纳姆在纽约展出了一条"斐济的美人鱼"，吸引了大量的观众，但并没有吸引博物学家。就在旁边，他还展出了一只鸭嘴兽标本，但是也被忽略了。1845年，阿尔伯特·C.科赫（Albert C. Koch）医生展出了一只巨型动物的骸骨，地点依然是在纽约。这种动物是一种史前巨型海蛇，长约33米。但是动物学家在其拼接的骨头上发现了背脊鲸的痕迹，那是一种史前鲸鱼。

现代神秘动物学

海蛇只不过是我们寻找的怪兽中的一种，就像北海巨妖克拉肯一样。这种神奇的动物一直都是"神秘动物学"中的明星动物。这一"研究隐藏的动物"的学科，大约于1959年建立，最终挤进了"科学"的范畴。对神秘动物学家而言，那些被认为是想象的，或者传奇的动物也许是真实存在的，哪怕它们在正规的动物学著作内尚未被描写过。在证明它们的真实存在之前，他们试图通过把这些动物与已知的动物进行对比来证明它们的可信性，但这并不是件容易的事。海蛇因此可以是一只长脖子的海狗，或者是尼斯湖水怪，或者是一条史前时期幸存下来的蛇颈龙，而雪怪则是幸存下来的尼安德特人。

神秘动物学建立在事实基础之上。巨型枪乌贼曾经被认为只存在于神话里，可后来这个物种被人发现了，晚些时候（1900年）人们又发现了獾伽狓。所以该学科的科学家坚持认为，其他动物只是有待于被证实，并不是不存在，尤其是在当地的传统或者传说中留下蛛丝马迹的那些动物。虽然这个领域的学者希望自己被当作真正的科学家，但他们却鲜少使用生物学的研究方法。他们通常只能提交目击证词，证词虽多，却无法弥补物质证据的缺乏。直到现在，雪怪和大脚野人的毛发依然被认为是普通四足兽的毛发，而尼斯湖水怪的照片也几乎没有任何说服力。对陌生物种的研究也是动物学研究的一部分，但是他们找到的都是历史上完全没有听说过的小动物，而神秘动物学则只关注传说故事中的巨型动物。

不过，这些障碍从来都不曾阻止科学家们在冷静的理智与天真的热情之间寻求最佳的平衡点。所以伊夫·科庞[1]会尽全力帮助玛丽-让娜·考夫曼展开探险远行，寻找阿玛斯蒂人（Almasty），即高加索山上的雪人。在科学研究领域，我们从来都不知道接下来将发现什么！不管涉及的是什么动物，不管它是不是真的存在，或者能不能找到它，我们都可以假设它很稀有，濒临灭绝，因为只有那些有名有姓的动物可以受

1. 伊夫·科庞（Yves Coppens，1934— ），法国古生物学家、古人类学家，法兰西学院终身教授。

到合法的保护。曾有一位生物学家提出要科学地命名尼斯湖水怪。1957年,《自然》杂志上发表的一篇文章里，这种怪兽失去了从19世纪以来就常被人称呼的名字，取而代之的是依据国际标准制定的名称*nesseiteras rhombopteryx*。如果有一天它真的被人发现，就可以阻止人类捕杀它，至少在一年中的某些时期禁止捕杀。

未来的神奇动物

许多怪兽形象流传至今，都已经成了永远鲜活的神话，比如骏鹰就成了电影主角。有些动物，则会因为某些科学发现而再次受人欢迎。其他的动物则似乎已经从我们的想象中消失了，比如高卢人面兽身的马、羊人、狼人，还有中世纪时期传说中的鸟人——雌性的脚如麻雀爪般小巧，而雄性的脚如鸵鸟爪般巨大。反过来说，神奇的动物列表中也慢慢添进了新的物种，例如南美的卓柏卡布拉吸血兽，它的故事与其叫作古代神话，倒不如说是都市传奇。

历久弥新的《动物志》还将吸收更加具有异域风情的动物——地球之外的动物。我们已经发现了好几百个类似太阳系的星系，都是好几颗行星绕着一颗恒星公转的结构，这使得我们可以想象其他各种不同的生物，比如非常有名的“异形”。在宇宙中，可供生物生存的环境条件与大部分地球动物需要的条件相差甚远：极端的气温、过低的气压、缺氧……所以生命非常有可能沿着不同于我们所认识的进程在别处诞生。地球外的动物长久以来都是科幻作家在探寻，他们中有一些人兴致勃勃地以地球生物为基础杜撰了“火星人”。这些“宇宙怪兽”有两只眼睛、两只耳朵、一个长着牙齿的嘴巴，就像地球上所有的四足动物一样，只是和人长得不太相同而已。不过，如今还有人为了证明自己的想象而编撰了一份全新的关于神奇动物的名录。也许未来有一天，我们也会弄明白这份名录究竟是想象的，还是真实的。

敬告读者[1]

关于动物的选择

在有文字记录的历史之前，神奇的怪兽就可能已经存在了，但实际上，我们对最古老的那些生命一无所知。比如，考古学家在德国赫伦施泰因-施塔德尔发现了长着狮子脑袋的男人（或女人）雕像，距今大约32 000年。人类编造了无数神奇的动物，不可能一一考证。其中有些动物在好几个地方都存在：水怪、野人或者巨鹰生活在全世界每个人的想象世界里，从美洲到太平洋岛屿。只有明确被当作神兽的动物才不会引起大家的注意，比如长着隼脑袋的法老守护神荷鲁斯或者半人半象的印度神祇伽内什。而且，如果只是少数几个人，他们不可能只凭自己的力量创造新的动物。斯芬克斯、弥诺陶洛斯、斯库拉或者刻耳柏洛斯[2]，它们只有它们自己，没有后代。这与美人鱼、独角兽不同，这两种动物有雌雄之分，所以它们可以繁衍后代。

关于分类

在这本书中，各种动物不会按照经典动物学（这个词并不比生物学更古老）的一般分类方式呈现。狮鹫就既属于鸟类又属于哺乳动物，尽管如此，我们也不能说它同蝙蝠属于一类。同样，美人鱼既属于海兽也属于半人兽，因为它的身体有一半长得像女人，虽然这一半身体在港口出售的一具具风干的尸体中并不怎么看得出来。从属性上来看，它也可以被分入混种兽。它们符合好几种动物的特征，所以无法对它们在动物学上进行纲与科的分类。

---

1. 本书中文字与插图均根据传说等创作，非生物学事实。

2. 弥诺陶洛斯（Minotaure），希腊神话中的牛头人身怪；斯库拉（Scylla），希腊神话中吞吃水手的女海妖；刻耳柏洛斯（Cerbère），希腊神话中守卫冥府的三头犬。

Dragons et Serpents

一

龙与蛇

Le Dragon d'Occident
西方的龙

博物学家曾记录它们，诗人曾吟诵它们，艺术家曾描摹它们、雕刻它们——龙的身影在古代文化中从未消失过。至于它们的模样，作家们却鲜有一致的说法，除了一点："龙之于蛇就如同鲸之于鱼。"最开始的时候，龙其实就是一种巨蛇，它是否有爪子并不重要，就算有，也是短短的爪子，并不影响它像普通的蛇那样爬行。作为掠食动物，龙通常善用自己的尾巴，尤其是在与它的死敌大象作战的时候，就像2 000多年前，罗马诗人琉善描写的那样：

它们的力量在于尾巴，
第一次攻击对它的猎物而言，便是致命的。
公牛都无法抵御它们的力量，
巨象在它们面前也是必死无疑。

有人还见过它们"展翅翱翔于高空"，所以说龙是会飞的蛇，但它的翅膀又是从哪里来的呢？博物学家们不仅关注动物的外貌和体形，而且探究它们的繁衍生育。据某些学者所言："从覆着一只鹰的母狼身上出现了一条龙，嘴巴和翅膀与鹰的相似，尾巴和脚则与母狼的相似，而五颜六色的鳞片则与蛇的一模一样。"所以，杂交是龙独特外观特征的一个解释。从15世纪开始，人们又给龙加上了翼膜，这让龙的翅膀看上去更像是蝙蝠的翅膀，而不是禽类的翅膀了，龙因此变成了一种黑暗而邪恶的动物，就像是《创世记》里的蛇和世界末日的爬行怪兽。龙与大象的殊死对抗似乎也就合乎常情了——恶魔最喜欢对抗的，不正是大地上的富者与强者吗？

"从覆着一只鹰的母狼身上出现了一条龙，嘴巴和翅膀与鹰的相似，尾巴和脚则与母狼的相似……"

见过龙的人还道出了它的另一个特征，这将龙与所有其他的爬行动物区分开来，如蛇、蜥蜴或者鳄鱼——龙会喷火。首先，人们认为，高速的跑动让它能吸入周围的空气，而它呼出的热气使它成为一只不折不扣的喷火怪兽。这也凸显了龙与路西法——宗教上的光之使者和地狱之主人的相似性。与龙作战，就是与恶魔作战，所以圣者与骑士才要将它们赶尽杀绝。

但是，龙在斗争中存活了下来。动物学家认为，所谓的龙就是今天会飞的，或者说会滑翔的小型蜥蜴，因为它们的双翼正是简单而坚硬的薄膜。它们体长不超过25厘米，但完全不会吐火。孩子们与古生物学家则认为，龙有其他的后继者，同样巨大、凶猛——那就是恐龙。恐龙在电影、文学和游戏中一直占据重要的位置。龙的后继者中，还可以算上德古拉伯爵[1]。这有些出人意料，却是一种溯本求源。普林尼说过："龙的体形如此庞大，以至于它们吸干了大象的最后一滴血。垂死的大象倒在了地上，喝饱的龙同时也一起死去——被猎物庞大的身躯压死了。"

1. 德古拉伯爵（Le comte Dracula），西方传说中的吸血鬼，在诸多文学与影视作品中出现。龙的拉丁文为"Draco"。

REPTILES-DRAGONS

N° 24

CRACHEURS DE FEU

—

爬行动物——龙

喷火龙

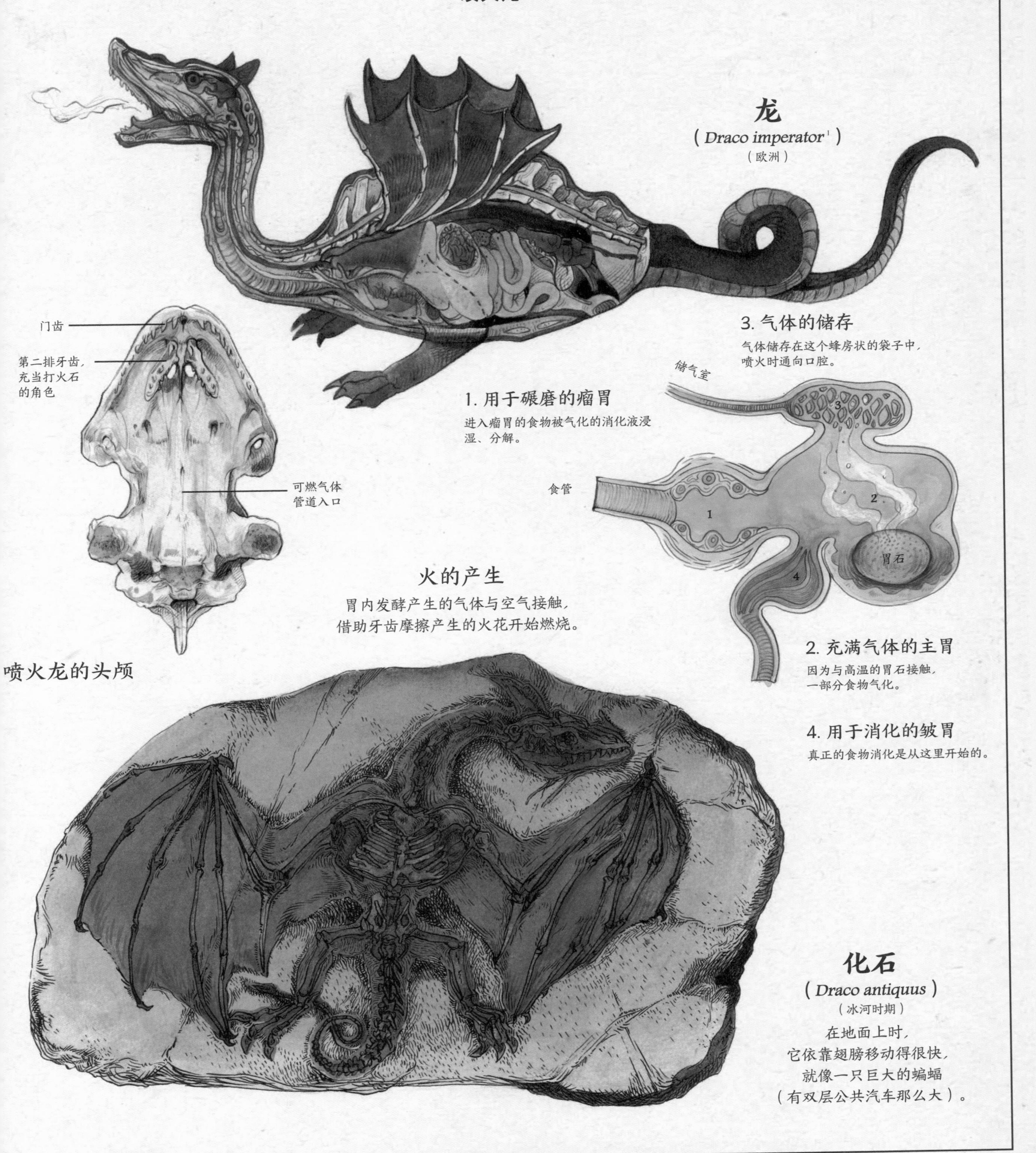

[1] 此类字母为动物的拉丁语名。后同。

~ Établissements DEYROLLE, 46 rue du Bac, Paris 7e ~

Le Basilic
鸡蛇兽

“在所有的蛇中，鸡蛇是毒性最大的。”从古代开始，博物学家就如此肯定。鸡蛇又名“蛇王”，意思是“蛇中之王”，这个名字源于它脑袋上长着王冠一般的小花纹。被鸡蛇咬了是无药可治的，它咝咝的叫声就是死亡的征兆。鸡蛇散发出的气味能够杀死飞翔的鸟儿，它还能分泌毒液，这种毒液尤其厉害，对人和动物还能间接产生伤害。据说鸡蛇被骑马的人用长矛刺死时，毒液可以顺着长矛往上渗，最后不但骑手死了，连马也死了。鸡蛇还会使试图吃它肉的动物中毒，在非洲沙漠里，到处都是它可怖的身影。它走过的地方，草和灌木无一生存，而这不仅因为它的触碰，还因为它呼出的有毒气体。

鸡蛇被认为是9世纪时在罗马肆虐的鼠疫的罪魁祸首。

起初，鸡蛇长得并不特别。一些鸡蛇长约十二指（20厘米），另一些长约六个脚掌（1.8米），它“身体各个部位都很不灵活”，看看今天的蛇，我们可能会对这句话感到吃惊，但在过去并不会。中世纪时，人们描述蛇的时候总会给它添上脚，作者不同，添加脚的数量也各不相同。人们还给它添了一只公鸡的脑袋和一对鸟（或者蝙蝠）的翅膀。1587年，生活在华沙附近山洞里的鸡蛇“只有一只母鸡那么大，它高高扬起的脑袋上除了黄色与蓝色的圈纹外，还有一个类似于公鸡鸡冠一样的东西。它的眼睛形同癞蛤蟆的眼睛，它的翅膀是红色、蓝色和黄色相间的。它用四只脚走路，雄赳赳气昂昂，前脚是黄色与蓝色的，就像公鸡的爪子，而后脚呈锯齿状，有蹼，就像青蛙的脚”。

它这副样子显然是遗传自它的父母。据说，一只老公鸡下了一颗蛋，一只癞蛤蟆把蛋孵化，鸡蛇便是从这蛋里来的。但是有些人并不接受这种观点，因为公鸡没有生蛋必需的器官。在他们看来，鸡蛇更可能来自被蛇授精的母鸡产下的蛋。不管怎样，这种可怕的杂交永远都是恐怖故事的主题。鸡蛇还被认为是9世纪时在罗马肆虐的鼠疫的罪魁祸首。1202年，一只藏在井里的鸡蛇在维也纳引起了瘟疫。1474年，在瑞士的巴塞尔，有人看到一只公鸡下了一颗蛋，结果还没等到蛋孵化，当着成千上万人的面，公鸡就被活活烧死了，蛋也同样被扔进了火堆。

还有人质疑，如果鸡蛇光靠气味就能置人于死地，人又怎么可能走到它身边被它咬到呢？同样，就像1579年皮埃尔·安德雷·马提奥利[1]强调的那样：“如果看一眼就会被杀死，那些曾见过它，考察过它，后来又为我们描写过它的人又是怎么逃生的呢？因为它是那么小的动物，只有非常靠近时才能看到。”而且似乎还有些鸡蛇完全就是杜撰出来的。17世纪时，来自法国卡斯特雷的医生皮埃尔·波雷尔宣称认识一个意大利人，他可以繁育鸡蛇和飞龙，再以高价卖给学者和城市博物馆。在他的奇物陈列室，他还向皮埃尔展示了其中的一条鸡蛇，它的出生完全借助于一位技工的精湛技术，而不是大自然的力量。就像龙一样，鸡蛇几乎已经从动物种类清单上消失了。

1. 皮埃尔·安德雷·马提奥利（Pierre André Matthiole，1501—1578），意大利医生、植物学家。意大利名字为：Pietro Andrea Matthioli。

MÉTAMORPHOSE DU BASILIC

N° 98

—

鸡蛇的变态

~ Établissements DEYROLLE, 46 rue du Bac, Paris 7e ~

Les Dragons des villes
城里的龙

中世纪时期，到处都能看到龙，教堂、城市纹章、旅店招牌……所以怀疑它的存在是没有道理的。所有人都知道，长蛇随着年纪的增长会慢慢变短并长出翅膀，变得巨大、有毒、充满攻击性。它们会摧毁庄稼，伤害农民。龙是魔鬼的使者，控制着下面四件东西：石窟——它赖以栖息的巢穴，河流——它能使其泛滥，火——它用毒气喷出，天空——它干坏事时所在的地方。它不可控制的力量使得它也成了与人类敌对的自然现象，即地震、洪水、火灾和火山爆发的象征。

但是在城里，它就不像在自己家了。城市是人类的领地，人类将危险的自然挡在了城墙之外。哪怕是最远古的时期，如果龙闯入城里企图恐吓人类，最终也都会被勇敢的斗士赶出城外。著名的屠龙斗士包括圣乔治与圣弥额尔，以及无数的无名英雄，遍及欧洲的每个角落。主教、骑士，有时甚至柔弱的小女孩都取得过不可遗忘的英雄战绩，足以让他们名垂青史。

龙可以借助敏锐的目光，严密看管无价之宝，比如一堆金子，或者一个小女孩。

城市中的龙还有普瓦提埃的水道蛇（la Grand’ Gueule）、卡瓦隆的石丘游蛇（le Coulobre）、特鲁瓦的恶臭龙（la Chair Salée）、兰斯的飞龙［le Grand Bailla，或者叫柯若拉飞蛇（Kraulla）］、汝拉山的飞龙（或者叫吞婴蛇），还有巴黎、勒芒、旺多姆、马赛、多勒、瓦纳、阿尔勒等其他许多城市里无名的龙。这些城市每年都会举办游行活动来纪念相关的历史事件，在游行中，人们会装扮成龙的样子。在梅斯，人们要给锁起来的龙喂食，祈祷可以让龙满意。这些纪念活动都是为了庆祝社会与宗教战胜了邪恶。对教廷来说，龙的死也表现了对异教神的铲除，以及一直充满威胁的异端邪说的暂时瓦解。

龙还有其他的特性，比如勇敢、谨慎。龙可以借助敏锐的目光，严密看管无价之宝，比如一堆金子，或者一个小女孩。也许这就是有些城市会选择龙，而不是杀死龙的圣徒作为自己城市的标志的原因，比如贝尔热拉克、德拉吉尼昂、德拉西或者蒙德拉贡，还有些城市甚至就是以龙的名字来命名的。这种传统直到现在还保持着活力。2003年，法国卢瓦雷省的塞尔东市还民主选出了自己城市纹章的图案，这个纹章主要包括一条初生的、正在怒吼的飞龙，它浑身长着红色的鳞甲，似乎要从城墙中飞出来。

REPTILES-DRAGONS
(VOLANTS)

–

爬行动物——龙
（飞龙类）

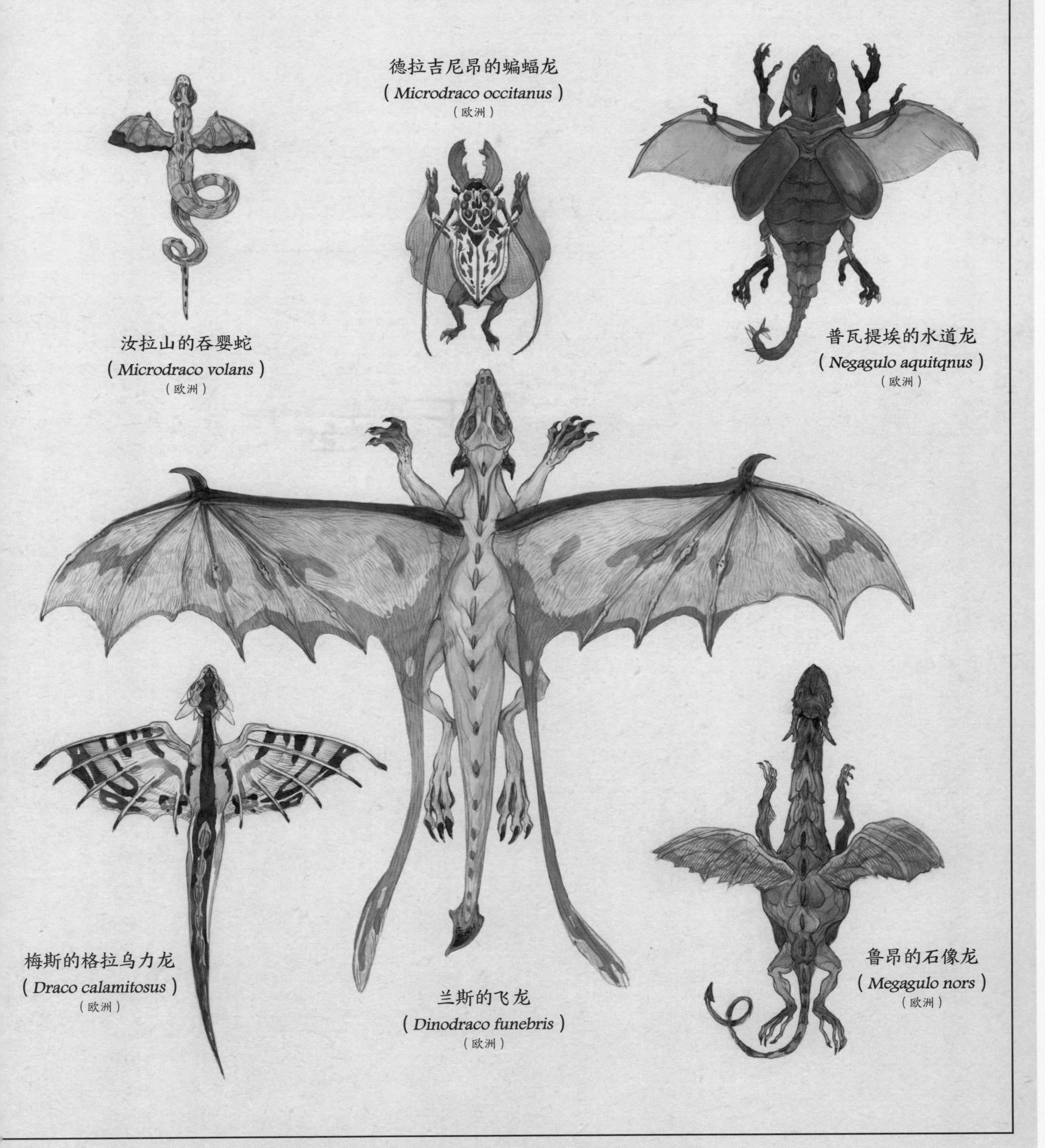

N° 15

~ Établissements DEYROLLE, 46 rue du Bac, Paris 7e ~

Le Dragon chinois
中国龙

中国最古老的龙出现在公元前6世纪。据传，它有“鹿的犄角、驼的头颅、魔鬼的眼睛、蛇的脖颈、蜃（指牡蛎或者一种海怪）的肚子、鱼的鳞片、虎的脚掌、鹰的爪子、牛的耳朵”。此外，我们还可以添上鲶鱼的胡须和锦鸡羽毛的颜色。在中国，用“龙”这个词指长角的龙，用“虬”这个词指有角的小龙，此外还有黑龙、白龙、黄龙、红龙、飞龙与海龙等。中国龙很难分类，因为它们经常变形。它们可以将身体变成蚕一般大小，也可以盘成好多圈覆盖整个世界。到了冬天，它蛰伏在地下，变成一条小小的蛇。

这些变形不过是龙所有能力中微不足道的一面。它是生命与能量的象征，代表了自然的一切力量。从外形上看，中国龙除了长着鳞，形状与蛇相像之外，和西方的龙有相似之处，但是实际上这两种动物很不一样。中国的龙基本都有吉祥之意，它代表着农业种植中的及时雨。在春季的民俗活动中，模仿龙的身体起伏的舞蹈——“舞龙”可以唤来雨水。人们也认为，龙与龙的争斗以及交尾都具有同样的意义，于是就通过赛龙舟来呈现这些场面。但有时，龙与云、雨的关系也会变得不可控制，所以死水中的龙有时会带来可怕的大洪水。

中国的龙可以将身体变成蚕一般大小，也可以盘成好多圈覆盖整个世界。

龙骁勇而坚韧，它能凭借自己的智慧与勇气克服所有的障碍。如果能表现出这些品质，那么谁都可以成为龙！传说中，这种变形主要是与鱼相关，一般是鲤鱼或者鲟鱼。在产卵期，它们会逆黄河而上，那些可以顺利穿过激流、越过“龙门”的鱼就会因为自身的努力而得到奖赏变成龙。在中国古代的民间，“跃龙门”意味着成功通过皇室的考试，从而可以获得一个高等官职。在好几个世纪中，龙都是皇帝的象征，就像如今它是中国的象征。曾经，有权有势的人身边总有龙相伴左右，他们甚至还会骑在龙的身上。但如今龙变得越来越少了，也许是因为没有谁在乎它们了。

在中国，出生的年份、月份与日期都很重要，尤其对于那些相信星象的人。1976年、1988年、2000年以及2012年都是“龙年”，在这几个年份出生的人数急剧增加，夫妇们会很仔细地计划孩子的出生日期。在中国的传统思维中，在这些年份出生的孩子的属相在十二生肖中最有力量。

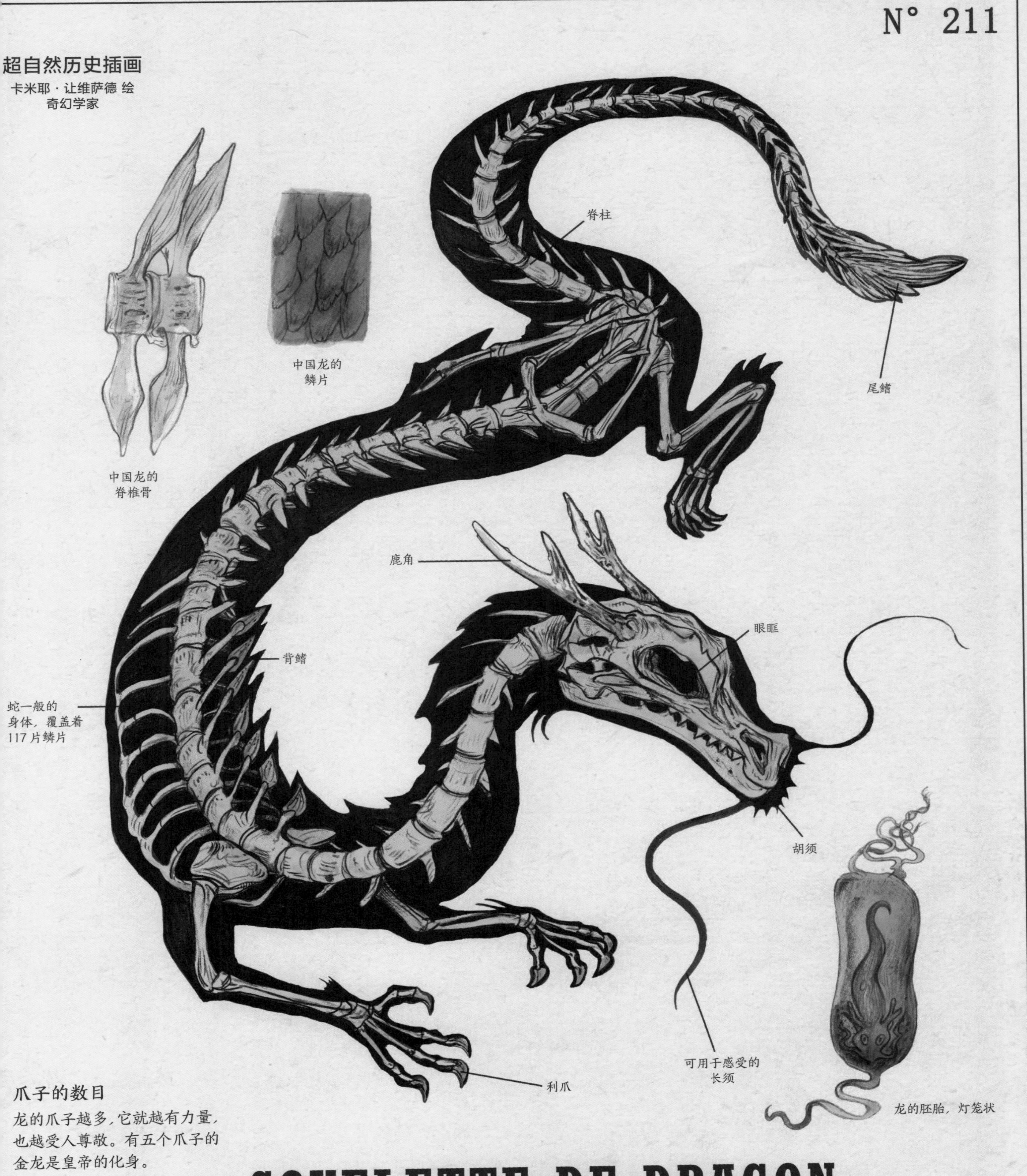

爪子的数目

龙的爪子越多，它就越有力量，也越受人尊敬。有五个爪子的金龙是皇帝的化身。

SQUELETTE DE DRAGON

(Draco sinensis)

(Asie)

—

龙的骨骼图

(*Draco sinensis*)

(亚洲)

Le Mokele Mbembe
魔克拉－姆边贝

在1909年一部题为《人与兽》的自传中，德国动物园的负责人卡尔·哈根贝克指出，有一种巨大的神秘动物藏在刚果的利夸拉地区。他记述道："在巨大的沼泽地深处生活着一种巨大的怪兽，一半长得像大象，一半长得像龙。"在他看来，这可能是"一种恐龙，看上去很像雷龙"。

卡尔·哈根贝克是20世纪野生动物园建立者之一。在这些动物园中，动物不再被关进狭窄的笼子，而是生活在更大的空间里。他为汉堡的动物园设计了巨大的山洞与沼泽作为背景，让人感觉就像身处野生的自然环境中。为了抓到各种动物卖给世界各地的动物园和马戏团，哈根贝克走遍了非洲。他对新物种极其迷恋，例如当时刚刚被动物学家发现的獾狮狓。那时非洲有许多地方尚未为人所知，至少欧洲人还未去过那里。人们一直希望能够真正触摸到遗存的史前动物，因为恐龙激发了他们的兴趣。柯南·道尔出版了《失落的世界》，书中讲述了科学家在亚马孙地区发现了侏罗纪时期幸存下来的动物。

弗雷尔·冯·施泰因船长指出，可能存在一种体形像大象的动物，叫作"魔克拉－姆边贝"，即"可以阻断河流的动物"。

哈根贝克并不是第一个认为存在巨型神秘动物的人。1776年，修道院院长普鲁亚称，向河边的居民传教的传教士们发现了一种巨型动物的脚印。他写道："地上可以看到爪子留下的痕迹，那个印子周长约三英尺。"他们由此推断出，这种动物的步长超过两米。哈根贝克组织了一次探险，但是并无收获，不仅因为高热的威胁，而且因为"野人"的攻击。这次探险"没有证明任何东西，无论是从哪种意义上说"。1913年，弗雷尔·冯·施泰因船长指出，可能存在一种体形像大象的动物，叫作"魔克拉-姆边贝"，即"可以阻断河流的动物"，这个名字因此流传了下来。1920年，美国史密森尼学会组织了一次考察探险，但是研究者们乘坐的火车脱轨了，整个计划就此中断。

魔克拉-姆边贝不仅让神秘动物学家们很痴迷，它同样也吸引了美国的神创论者，他们想方设法证明恐龙与人生活在同一个时代。事实上，他们不仅拒绝接受进化论，还认为地球只有6 000年的历史，而人与恐龙早在大洪水之前就共同生活了。在他们看来，与人共存的恐龙应该算得上是大自然的恩赐，即使从科学的角度来看，就算有幸存活下来的恐龙其实也证明不了什么。不过，虽然探险者们十分努力，但他们总是会遇到各种各样的物质困难：车子故障、缺乏胶片、疾病……照片模糊不清，叙述真假难辨。连科学院也最终放弃，停止资助这些探险活动，因为大家觉得肯定不会有结果。这些活动最终还是带回来了一些见闻，其中大部分都是间接资料，都是别的使人联想到恐龙的动物：恩古布六角龙（ngoubou）、埃米拉－恩图卡杀象龙［emela-ntouka，或者是角龙（cératopsiens）？］、姆别鲁-姆别鲁蜥脚恐龙［mbielu-mbielu，或者是剑龙（stégosaure）？］，或者还有施佩科维杀象龙（chipekwe）、古姆-莫内蜥龙（ngumu-monene）、桑格蜥龙（nsanga）、雅玛蜥龙（nyama）。所有这些动物都生活在刚果北部同一片沼泽地里，但不幸的是，这些巨型动物似乎从来不会在自己的身后留下任何痕迹，没有脚印、没有残留物、没有骸骨。

REPTILES-SAURIENS

N° 87

—

爬行动物——蜥蜴

魔克拉 - 姆边贝是非洲最后的大型蜥蜴。这种食草动物主要以马龙博（malombo）为食，这是一种灌木的果实，我们见到的马龙博通常已经裂开。利夸拉地区的人都很害怕魔克拉 - 姆边贝，因为它会毫不犹豫地攻击外来者。没有任何东西可以阻止它愤怒地奔跑。

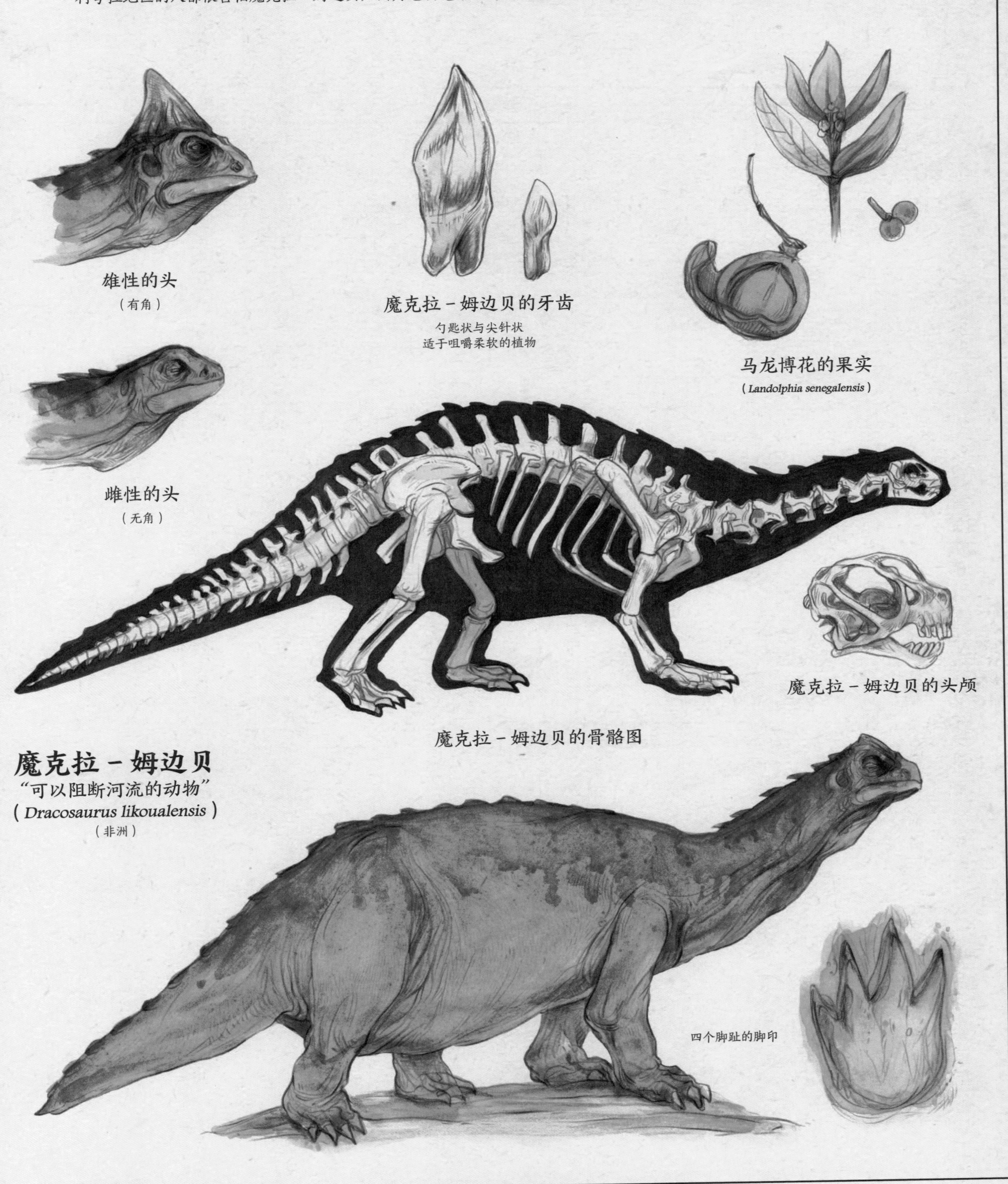

L'Amphisbène
两头蛇

两头蛇又叫“双行蛇”，即“可以朝两边行走的蛇”。其实意思是说它可以往后退，这在爬行动物中是极其罕见的。它的别称有夸张的成分，因为它本没有脚，更多的时候它都在爬行而不是行走。某些种类的两头蛇也并不是完全没有脚，但它们的脚大概类似于两只细小的手臂，完全不能支撑身体。当两头蛇往前移动时，的确很难分辨它的头部与尾部，因为它的身体几乎是圆柱形的，从头部到尾部没什么变化；而且它的眼睛实在太小，以至于我们经常以为它看不见东西。

由于它在解剖学上的特征以及双向移动的特性，很长一段时间里，人们都以为两头蛇有两个脑袋。它以可以长时间保持活跃的状态著称，一个脑袋指挥，另一个脑袋休息。所以它应该有两张嘴巴，可以喷射出全部的毒液。事实上，只有一张嘴对这样一种模棱两可的动物来说是不够的，它生来就充满剧毒。因为我们不知道它会从哪一边攻击，危险也就变成了原来的两倍。它的毒液很多，在传说中，两头蛇整个身体都可以散发毒液。哪怕已经死了，两头蛇依然可以让不小心踩到它的孕妇流产。皮埃尔·安德雷·马提奥利医生在1579年提出，两头蛇有两个脑袋这种事纯属编造，就像说水螅有七个脑袋一样。但是他依然承认：“在违背自然意志的前提下，在与母鸡一样生蛋的蛇中，这种情况的确很可能会发生。我们经常会看到，从一只双黄蛋中诞生了一只长着四个翅膀的小鸡，四条腿、四个爪子。我们也见过长着两个脑袋的蜥蜴。但是不可以因此就得出结论说一定存在一种两头蛇。”

哪怕已经死了，两头蛇依然可以让
不小心踩到它的孕妇流产。

两头蛇还具有其他有趣的特征。当被切成两段时，它有能力将分开的两段身体合二为一。因此，它不可能被杀死，哪怕将两段身体挂在两棵相距遥远的树上也无济于事，因为当这两段身体长时间暴露在风中被晒干时，也会掉落在地上，湿气以及空气中的热气会钻入其中，这两段身体又会死而复活，最终连接在一起。因为这个原因，晒干或磨成粉末的两头蛇可以用来治疗骨折。

目前存在着一百多种两头蛇，主要生活在非洲与南美洲。西班牙两头蛇长着粉红色的身体，体长基本不超过20厘米，看起来就像一条巨大的蚯蚓。它是形同蜥蜴的一种爬行动物。虽然西班牙两头蛇并没有毒，但是咬起东西来还是很可怕的。在巴西，人们认为两头蛇只有听到雷声时才会松开自己咬着的东西。在波多黎各，两头蛇被看作孕妇的守护神。在智利，有一种两头蛇长约2米，还长着一对翅膀。在亚马孙地区，两头蛇被称作“蚂蚁之王”，因为它经常在蚁巢中休息，会利用蚁巢中的各种弯道；据说蚂蚁会为它带去食物，因为它的眼睛看不见，自己无法捕食。两头蛇的名声基本没有因为动物学考察而改变！

N° 7

REPTILES-SERPENTS (BICÉPHALES)

–

爬行动物——蛇（两头族）

两头蛇类属两头族，因为它似乎在尾部长着第二个脑袋。不过，它只是看起来如此而已，因为它尾巴上的眼睛是假的，假嘴巴也是张不开的！这种伪装实际上是为了迷惑猎捕它的动物。

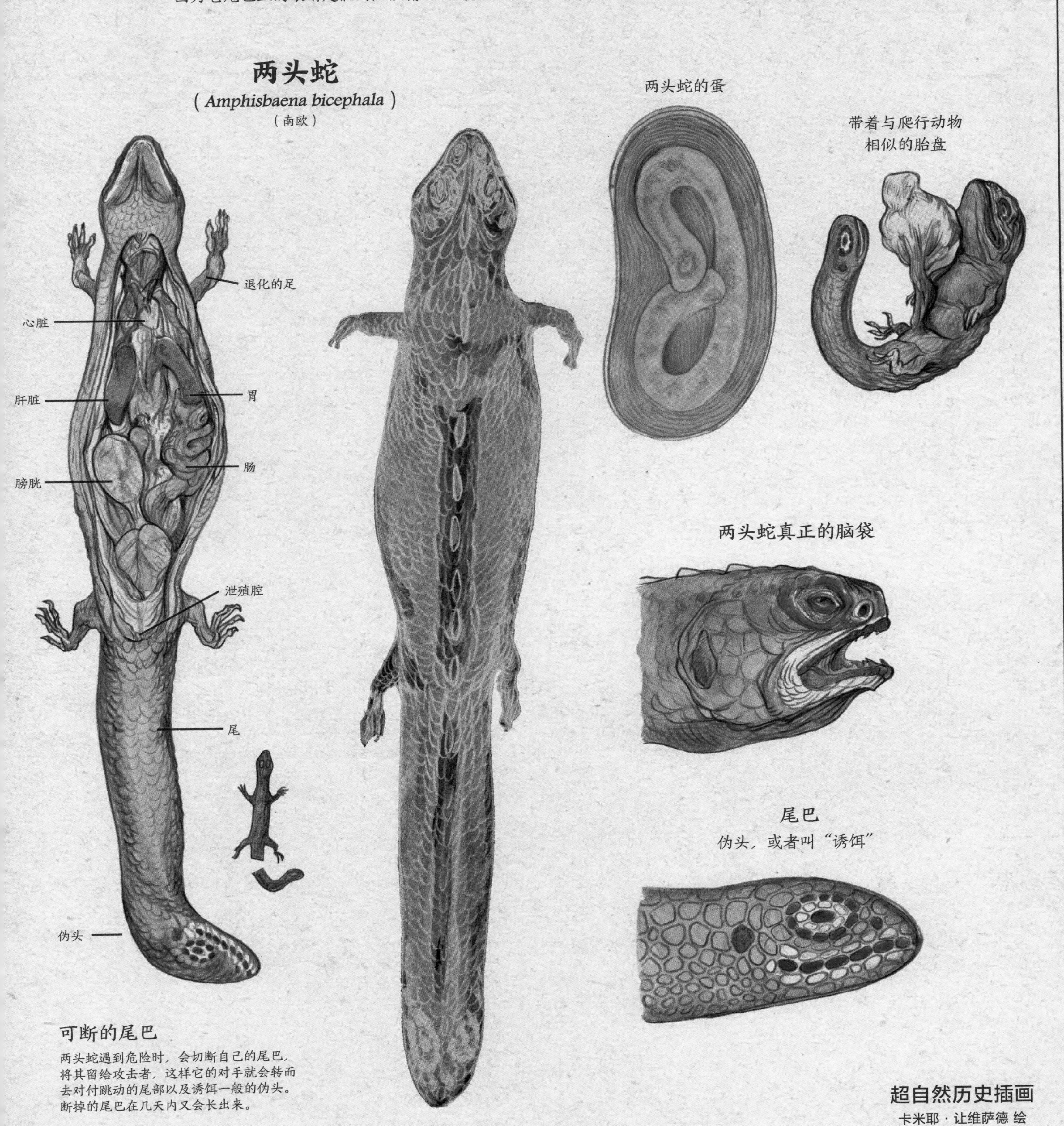

两头蛇蜕下的皮

可断的尾巴

两头蛇遇到危险时，会切断自己的尾巴，将其留给攻击者，这样它的对手就会转而去对付跳动的尾部以及诱饵一般的伪头。断掉的尾巴在几天内又会长出来。

超自然历史插画

卡米耶·让维萨德 绘
奇幻学家

~ Établissements DEYROLLE, 46 rue du Bac, Paris 7e ~

Les Serpents de Libye
利比亚蛇

在欧洲，蛇总是被视作恶的存在。因为历史故事中正是蛇致使亚当与夏娃被赶出了伊甸园，之后所有的不幸也都因此而降临到了人类的身上。从动物学角度来看，蛇对生活在丛林中的小猴子来说一直是一种危险的存在，它们时时刻刻都很可能被毒蛇咬死或者被蟒蛇绞死。这也是我们远古的祖先所经历过的事情，当时他们还只是栖息在树上的、小小的灵长类动物。我们身上也许保留着蛇在猴子身上激发起的原始恐惧。

不管怎样，古时的作家描绘了大量的蛇。在描写恺撒与庞培相互斗争的战争史诗《内战记》一书中，古罗马诗人卢卡努斯用了好几页纸描写撒哈拉地区各种各样的蛇："利比亚的空气充满了死亡的毒液，怎么会催生出适于蛇生存的气候呢？自然在自己的怀抱中究竟埋下了怎样的种子？"对于罗马士兵而言，沙漠中的蛇永远都是危险的，必须多加小心。

被"致渴蛇"咬伤的动物会变得极度口渴，甚至会割断自己的血管喝血解渴。

箭蛇（le jaculus）是一种会飞的蛇，即一种可以像标枪那样刺穿猎物的蛇，它的名字也正是从"标枪"[1]一词而来。它不是撕咬猎物，而是像箭那样刺穿猎物。人们还赋予它一对翅膀，也许是为了合乎它会飞的特点。它有点像鸟，可以栖息在树枝上，人们还给它添上了足。到中世纪时期，箭蛇成了龙！奇怪的是，这种"活动的箭"虽然可怕，博物学家林奈却将其名字赋予了一种毫无伤害性的小型蟒蛇。

其他种类的蛇主要依据它们各自咬出的伤口的特性来区分。秘纹蛇被昂布鲁瓦兹·帕雷称作"血流蛇"，因为被它咬过的动物"鼻子、嘴巴、耳朵、腿、生殖器、眼角甚至是牙床都流出血来"。黄背蜥，又叫"腐蚀蜥"，一旦被它咬到，就会立刻腐烂。这是"所有爬行动物中最可怕的动物。一旦它的毒汁渗入血液，肉体就会像雪一样开始融化，或者像烈日下的蜡一样开始熔化，只剩下骨头，甚至连骨头都会被它侵蚀，变成粉末。原先的身体不会留下任何残余，全部被侵蚀干净"。人们还知道"它会像贪吃蛇一般咬住自己的尾巴"。

但最可怕的也许还是普雷斯特蝰蛇，即"火烧蛇"。卢卡努斯曾记录下不幸的士兵那奇丢斯的命运，他正是被这种动物咬伤了。"当时，他的血就像青铜器中加热的水一般翻滚而出。他的身体鼓起来，皮肤不断伸展开，脸是火一般的颜色。他原先的样子就像被一团可怕的东西所熔解了。同伴们不敢埋葬他，都远远地离开他那可怕的身体。他的身体还在不断膨胀，最后成了饿鸟或者猛兽的猎物。但是饿鸟也迟迟不敢靠近，那些猛兽一旦吃了他的肉立刻暴毙而死。"居维叶认为，"火烧蛇"可能与食螺蛇这种动物的行为十分相似。食螺蛇被叫作"致渴蛇"，被它咬伤的动物会变得极度口渴，甚至会割断自己的血管喝血解渴。不幸的是，没有任何记载可以帮助旅行者避开这种危险的动物。

1. 法语中的"标枪"为"le javelot"，与"le jaculus"是同源词。

REPTILES-SERPENTS (NUISIBLES)

–

爬行动物——蛇（有毒类）

在所有有毒的蛇类爬行动物中，最危险的就是利比亚蛇。它们那可怕的毒液夺去了无数士兵与探险家的生命。

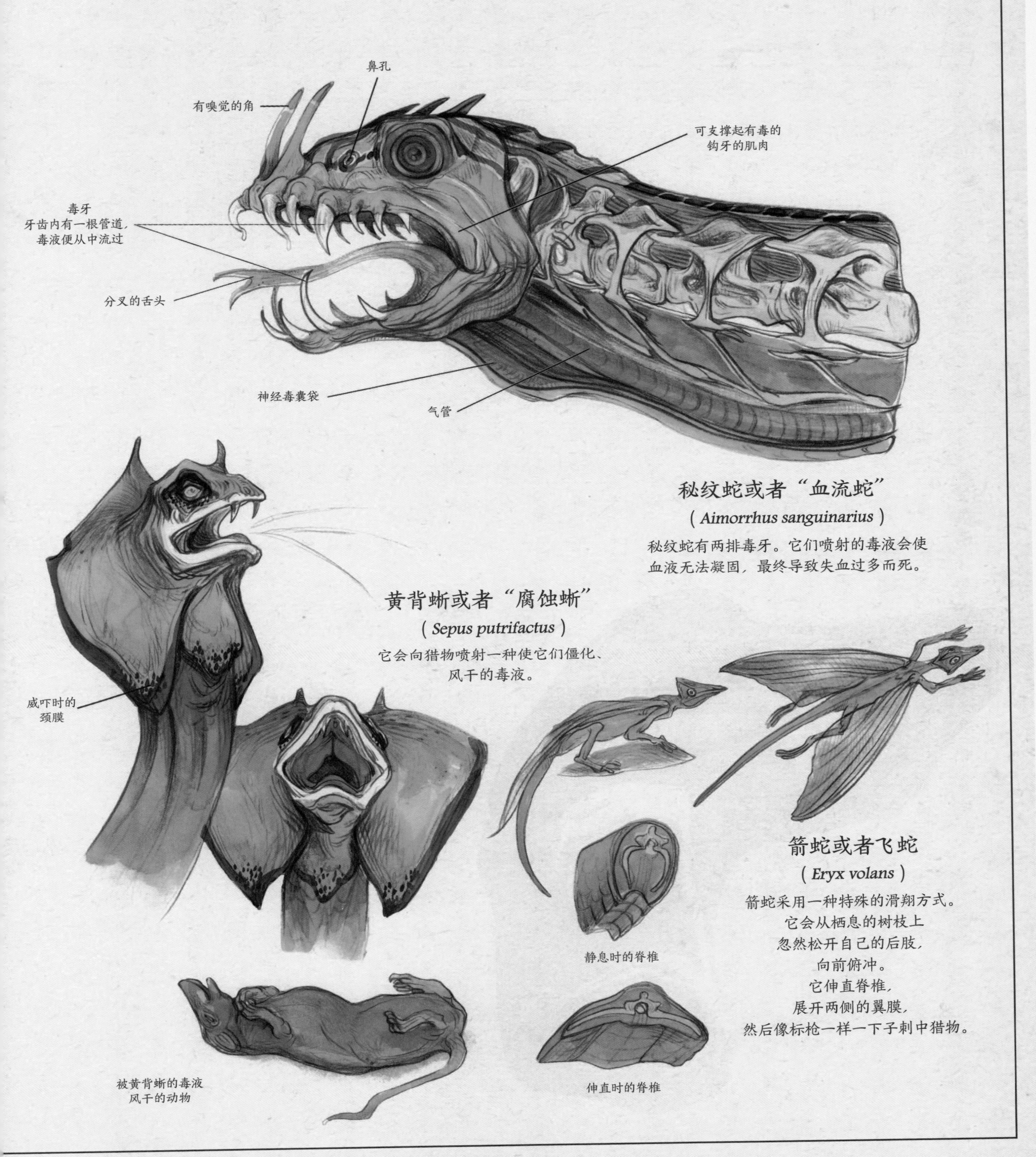

秘纹蛇或者“血流蛇”

（*Aimorrhus sanguinarius*）

秘纹蛇有两排毒牙。它们喷射的毒液会使血液无法凝固，最终导致失血过多而死。

黄背蜥或者“腐蚀蜥”

（*Sepus putrifactus*）

它会向猎物喷射一种使它们僵化、风干的毒液。

箭蛇或者飞蛇

（*Eryx volans*）

箭蛇采用一种特殊的滑翔方式。它会从栖息的树枝上忽然松开自己的后肢，向前俯冲。它伸直脊椎，展开两侧的翼膜，然后像标枪一样一下子刺中猎物。

Bêtes quadrupèdes

—

四足兽

La Licorne
独角兽

中世纪时期，博物学家基本都认同独角兽额头上长着长长的角，但通常他们对独角兽的模样都有各自不同的看法：体色如鼬鼠般的小山羊，淡蓝色的猎犬，蹄子分叉的鹿或者美丽的白马？虽然样子总是捉摸不定，作家们都不约而同把它描绘成一种充满力量但非常危险的动物，它尖尖的角甚至可以刺破大象厚厚的皮。猎人们无法靠近它，因为它是那么凶狠。但是抓捕它也是有可能的，只要利用它已知的唯一弱点，那就是它喜欢年轻女孩。

12世纪时，菲利普·德·塔恩[1]在自己的作品《动物志》中用了整整一页来描写独角兽。他的文字建立在古代故事的基础上："如果一个人想要猎捕它、抓住它、诱骗它，可以走进森林深处，那里有它的洞穴。将一个处女留在那里，并且将她的乳房露出来。独角兽闻到她的味道，便会来到女孩身边，亲吻她的乳房，并且睡在她的怀里，这样它就走向了终结：猎人可以趁着它在沉睡将它杀死，也可以将它活捉。"这些文字里写的并不是传说，也不是远古时代发生的一件稀奇事，只是描述了一种简单的捕猎技术。

抓捕它也是有可能的，只要利用它已知的唯一弱点，那就是它喜欢年轻女孩。

独角兽自投罗网，因为它天性就喜欢"贞洁的芳香"。它内在的暴力很可能会突然出现，"杀死不贞洁、被玷污的女孩"，同样，它也会用角刺穿那些冒冒失失追赶它的人。就像中世纪时期所有的动物一样，独角兽是一种神性的象征，必须由人来辨析它的意义。文艺复兴时期，捕猎的风气以及专门捕猎它的圈套都被摒弃了。它成了一种天神报喜的标志，角对着的女孩代表了圣母玛利亚一般的存在。独角兽本身则是年轻女孩最初所具有的贞洁的象征。正是在那个时代出现了白色的独角兽，优雅又纯洁，至今依旧为人所知。

这种朝着圣洁的转变让人觉得枯燥无味。其实，最初的独角兽要更加捉摸不定，而民间故事催生了许多其他的阐释。独角兽对年轻女孩的喜爱有时被看作情色的象征，它竖起的角类似阳具的意象佐证了这一观点。在列奥纳多·达·芬奇看来，独角兽纵欲无度，无法抵抗自己的欲念。但是它能在美人身边安然入睡证明它所具有的暴力特质是可以被平息的。独角兽有时代表了面对年轻女孩的殷勤爱慕，在故事中，女孩并不是可怜的诱饵，相反，她扮演了很重要的角色。在理查·德·弗尼瓦[2]看来，独角兽是一位情人，它无法抵挡自己所爱之人的柔情："如此爱情便报复了我。似乎，因为我的骄傲，任何女人都不能激发起我的爱恋之情，让我想要占有她；而爱情，这位灵巧的猎人，在我的路上放下了一个聪明而年轻的女孩，她的温柔让我安睡；我因爱情的寂灭而死去，那是一种不可救赎的绝望。"

1. 菲利普·德·塔恩（Philippe de Thaon），法国12世纪初期的僧侣、诗人。《动物志》是他创作的诗歌，展现了各种神奇的动物。

2. 理查·德·弗尼瓦（Richard de Fournival，1201—1260），法国诗人、医生、炼金师，著有《爱情兽》（*Le Bestiaire d' Amour*）。

MAMMIFÈRES (UNICORNES)

N° 54

—

哺乳动物（独角类）

西方的独角兽属于独角哺乳动物，额头正中间的独角使它们与其他四足动物区别开来。

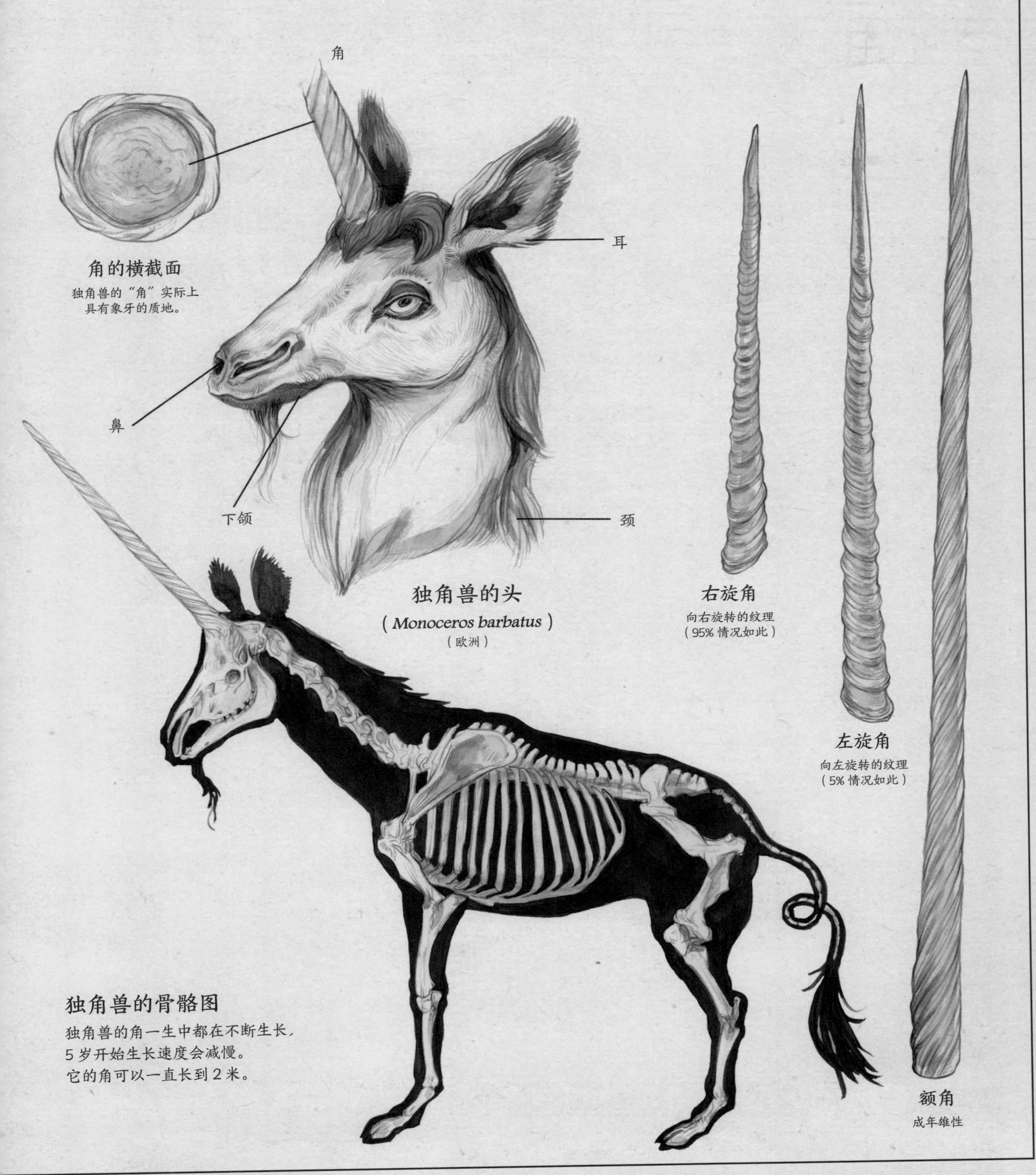

角的横截面

独角兽的“角”实际上具有象牙的质地。

独角兽的头

（*Monoceros barbatus*）

（欧洲）

右旋角

向右旋转的纹理（95% 情况如此）

左旋角

向左旋转的纹理（5% 情况如此）

额角

成年雄性

独角兽的骨骼图

独角兽的角一生中都在不断生长，
5 岁开始生长速度会减慢。
它的角可以一直长到 2 米。

Cabinet des Merveilles - MIRABILIAE - Établissements DEYROLLE, 46 rue du Bac, Paris 7e

Les Licornes du monde
世界各地的独角兽

好几个世纪里，旅行者们将远东地区关于独角兽的故事带回欧洲。每个人的故事里都有自己的独角兽，要么像一只长着马蹄的公牛，要么像一只长着鹿头的小马，或者是像一只长着牛尾的小象。还有人认为它有一个龙一样的脑袋，长着大胡子和狮子的脚爪，身上则长着蛇一样的鳞皮。它的角也有着多种多样的颜色，黑色、紫色、黄色或者象牙白色。在药剂师那里或者奇物陈列室所见到的独角兽真的是五花八门。

独角兽的角被认为是自然赠予人类的最有力量的一种药。它可以治疗疾病，甚至能预测出所有毒药的来源。中世纪时期，独角兽的角比黄金和香料都要珍贵。根据古代作家的描写以及航海家的叙述，博物学家曾试图对独角兽进行分门别类。独角兽的角早已名声在外，这种分类可以让他们更好地区分角的来源与效用。

根据普林尼所写，独角兽有“一只黑色的角，长约两臂，矗立在额头正中间”。这种动物是“印度最野蛮的动物”，这不就是一只犀牛吗？同样，马可·波罗所描写的印度的独角兽长着“水牛一般的毛、大象一样的脚”，额头上还有一只角。它的头那么重，以至于它总是低着头。这种又矮又壮灰颜色的动物只能让人想到犀牛，而不是中世纪睡在美人身边的那只优雅的独角兽。它还让人联想到一种“印度驴子”：长得像马，一身红色的毛，奇特的角同样也是有名的解毒药。到底是犀牛呢，还是“真正的”独角兽呢？中亚地区还有另一种独角兽，那时在欧洲还不为人知。璎德里克巨犀兽[1]或者璎珞格巨犀兽（l' inrog）的身体庞大，走路时简直地动山摇，但是它还可以在云上飞。璎德里克这个名字后来成了俄罗斯古生物学家阿列克谢·波瑞斯科（Alexei Borissiak）于1916年在咸海海边发现的一种化石的名字：长颈犀牛（l' indricothère），有四头大象那么重，生活在三千万年前，人类根本还来不及害怕或者喜欢它。好几千年前，我们的先人还看到过另一种巨大的犀牛，名字叫作板齿犀。它的体形如同猛犸象一般，人们认为它的角有2米长。这种巨大的独角兽也许会让大地颤抖，但是它不会飞。

独角鲸，一旦能证明它的存在，肯定会导致独角兽兽角药品市场的混乱。

1557年，地理学家安德雷·戴维描写了皮拉苏皮角兽（le pirassoupi），一种长着两只角的巴西独角兽，换言之就是一种双角兽。几年后，昂布鲁瓦兹·帕雷在阿拉伯半岛发现了皮拉苏皮角兽，认为它是一种与羚羊十分相似的动物，而羚羊的犄角又细又长、弯弯曲曲，有时候会被当作独角兽的角出售。安德雷·戴维还指出马鲁古群岛上有一种叫作康弗（le camphur）的独角兽，有鹿那么高，额头上长着一只角。这种独角兽奇特的地方在于它的后脚像鹅的脚那样长着蹼，会游泳。所以它应该算是一种以鱼为食的海洋独角兽。这又让我们想到了独角鲸，一旦能证明它的存在，肯定会导致独角兽兽角药品市场的混乱。因为仅仅海里的一只独角兽就可替代地面上的一群独角兽！

1. 璎德里克巨犀兽（l' indrik），Indrik一词从俄语edinorog演变而来，意指独角兽。通常被认为是一种神兽，一种长着鹿角、马头的公牛，额上有一只长角。后泛指陆地上最庞大的动物。

MAMMIFÈRES (UNICORNES)

N° 16

—

哺乳动物（独角类）

康弗
(*Hydroceros palmatus*)
（印度尼西亚）

印度独角兽
(*Hippoceras indicus*)
（印度）

缅甸独角兽
(*Monoceros birmanicus*)
（东南亚）

璎德里克独角兽
(*Indrikus ferox*)
（中亚）

皮拉苏皮角兽
(*Diceros thevetii*)
（阿拉伯半岛）

Le Qilin
麒麟

在中国，流传着这么一个故事：颜征在分娩之前，看到了一只麒麟。这种以智慧而出名的中国“独角兽”送给她一块玉石，上面写着她的孩子将来虽然没有皇位但是会有皇帝一样的权力。这个孩子就是之后被大家所熟知的孔子。

在1735年出版的《中国志》一书中，耶稣会教士让-巴普蒂斯特·德·阿勒德写道，麒麟“由好几种动物的不同的身体部分构成。它有牛那么高，长着牛一样的脖子，身上长着大片大片坚硬的鳞，额头正中间有一只角，眼睛和胡子与中国龙的眼睛和胡子相似”。它俗称“四不像”，即“与任何东西都不像的动物”。有时它长着两只角：独角并不是一种重要的特征。

对中国人、韩国人还有日本人来说，麒麟首先是智慧与和谐的象征。它行走时姿态高贵，非常注意落脚的位置，以免伤害昆虫或草叶。它的声音非常动听。它代表着公正，因为它的角可以辨别出好人与坏人；它也可以表现得很强硬，遇到恶人时，它会攻击并且喷火。这就是为什么那些正派人会在自己家里放麒麟像。它的名字包括了两个汉字，麒——雄性的独角兽，麟——雌性的独角兽。这大概就是为什么“麒麟”两字在一起象征了祥和。

它行走时姿态高贵，非常注意落脚的位置，以免伤害昆虫或草叶。

15世纪，探险家郑和结束非洲之行回国时，带回来一只长颈鹿，一种在此之前中国人从未见过的动物，看起来与麒麟有点相似。如今，有些人认为麒麟长着带斑点的毛皮，就是因为长颈鹿的关系。日语中的“キリン”（kirin）既指长颈鹿也指麒麟，但很明显这是两种不同的动物。朝鲜历史学院的一位考古学家在2012年明确提出在平壤附近曾经存在麒麟的窝，这只麒麟在公元前1世纪是东明圣王的坐骑。这一声明主要是为了证明平壤曾是古代朝鲜国的首都。麒麟在古代非常流行，它是一种寓意极好的动物，它的出现预示着国泰民安。

在中国还流传着这样一个故事：有一天孔子得知他所在之地有一只麒麟被杀害了。当他看见麒麟尸体时，孔子认出了他母亲系在麒麟角上的绸带，于是他明白自己即将辞别人世。这也许是最后的一只中国麒麟。它们很可能已经绝迹，也许是因为它们无法在这个世界上找到它们所必需的祥和，所以无法继续存活下去。

MAMMIFÈRES (UNICORNES)

N° 14

哺乳动物（独角类）

麒麟是一种亚洲独角兽。虽然属于哺乳动物，但它带鳞甲的身体以及有感知力的长胡须则会让人想起龙。
角的个数随具体情况而变化，双角麒麟相对比较常见。

La Manticore
曼提柯尔蝎狮兽

科特西亚斯（Ctésias）是公元前4世纪时期的一名希腊医生，在他所著的《印度史》中，描写了曼提柯尔蝎狮兽、独角兽和长着狗脑袋的人。他声称自己在波斯亲眼看到了一只曼提柯尔蝎狮兽，有人将它献给了国王，他是这样描述这种野兽的：“一种力大无穷的印度动物，比最大的狮子还要大，颜色如朱砂那般红，像狗一样长着厚厚的毛。”蝎狮兽跑起来非常快，没有任何动物能从它身边逃脱。它的脚长得像狮子的脚。它的头不像是动物的头，而与人的头很相似，嘴里长了三排牙齿。它的声音“像喇叭声那么吵”。它的尾巴上长着一根长针，就像蝎子的尾巴。此外，尾巴上还长着一些3英尺长的刺，它会用这些刺来攻击敌人，投射的距离可达100英尺。因为这些可怕的特性，蝎狮兽可以杀死任何一种动物，除了大象。它会吃掉自己杀死的动物，但它更喜欢吃人，人们又把它叫作玛提柯拉斯（martichoras），意思是“吃人的动物”。

科特西亚斯的描述有时会让人想到老虎，因为人们是坐在大象的背上射箭捕猎玛提柯拉斯。但是它的模样、面容以及其他特征都无法佐证这个假设。古代的作家一代代不停地重复这些动物故事，却并不质疑它们的真实性，有一个故事与大部分故事相反，是3世纪时斐罗斯特拉图提出来的。在《阿波罗纽斯的生活》这本书中，作者讲述了主人公在游历印度时向婆罗门僧侣亚沙打听，他是否知道玛提柯拉斯。智者的回答叫人失望：“我在任何地方都从未听说过还有这样一种用刺来袭击猎人的动物呢。”

尾巴上还长着一些3英尺长的刺，它会用这些刺来攻击敌人，投射的距离可达100英尺。

中世纪时期玛提柯拉斯变成了曼提柯尔，人们在《动物志》中发现它的样子正如科特西亚斯描写的那样，一种长着人脑袋的狮子。在这些作品中，动物只不过是道德或者宗教的象征，蝎狮兽代表愤怒：“愤怒的曼提柯尔蝎狮兽，在印度的猛兽中名气很大，它会咬碎自己的四肢，以表现出自己报复的意志；它一心一意要摧毁一切，在自己的遗骸上建立自己的墓穴。”我们对此并不感到吃惊，大概正是这样一种激烈的自我毁灭意志使这个物种走向了灭绝。

其实，文艺复兴前夕，曼提柯尔蝎狮兽就已经从博物学家的著作中消失了，探险家们在任何地方都再也见不到它们。福楼拜在《圣安东尼的诱惑》中短暂复活了这种动物，描绘它既威严又怒气冲冲：“我猩红皮毛上的波纹与广阔沙漠中的光芒交相辉映。我的鼻子呼出可怕的寂寞气息。我喷吐出瘟疫。如有军队来沙漠冒险，我必将吞下他们。我的爪子弯曲如钻子，我的牙齿尖利如锯子。我蜷起的尾巴长满了毒刺，我将这些刺发射出去，向右、向左、向前、向后——看啊！看啊！”

N° 121

MAMMIFÈRES (Anthropomimes)

–

哺乳动物（类人）

曼提柯尔蝎狮兽是类人动物中体形最大的，之所以被称为类人动物，也是因为它的脸长得与人的脸很像。它身体的其他部分，准确而言，是四足兽的模样。它的毒刺以及数不清的牙齿使人不寒而栗。

蝎狮兽的头颅与下颌

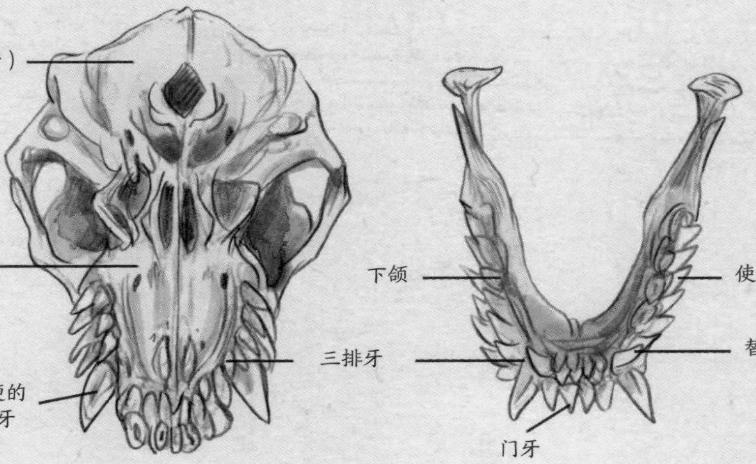

头颅（从下往上看）

上颌

坚硬的尖牙

三排牙

下颌

使用中的牙齿

替换的牙齿

门牙

毒针

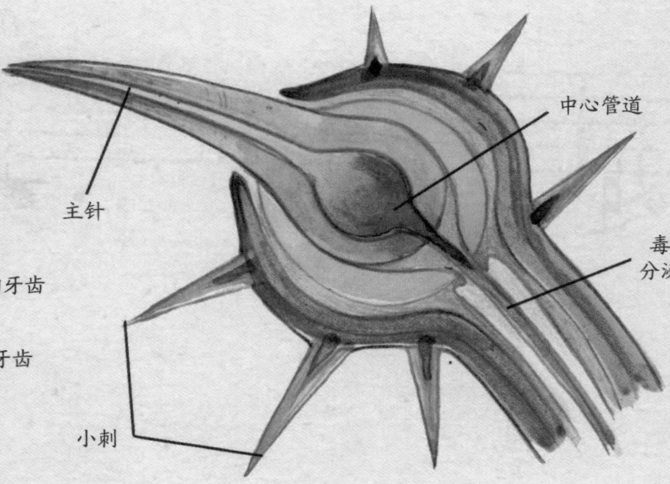

主针

中心管道

毒液分泌腺

小刺

印度的曼提柯尔蝎狮兽

(Martichorus furiosus)

（亚洲）

长着尖利的爪子的前掌

脊椎骨

强状有力的后爪

毒针或者毒刺

人形脑袋

捕杀曼提柯尔蝎狮兽

在印度，曼提柯尔蝎狮兽因为它们美丽的红皮毛而遭到捕杀，高级缝纫师会出高价购买这些毛皮。

– Établissements DEYROLLE, 46 rue du Bac, Paris 7e –

Le Succarath
苏卡拉特怪兽

1555年，地理学家安德雷·戴维陪着维勒伽农[1]骑士探险，前往巴西。他回国后出版了《“南极法国”——美洲的奇人奇物》，在这本书里他描写了他所见到的或者说别人为他讲述的人、植物与动物，但因为生病，他实际上并未离开过里约热内卢地区。他所提供的关于巴塔哥尼亚的信息也许并不是第一手资料。他认为，巴塔哥尼亚巨人正是借助“一种极其美丽（凶残）的动物的皮毛才能抵抗得住那么恶劣的天气，那动物长得极其奇怪”，它的名字叫作“苏”。

这种叫苏的动物生活在河边，会将自己的幼崽驮在背上，用向前弯曲的尾巴保护它们。当地人会把它赶到用树枝作掩护的陷阱里，从而将它捕获。一旦它觉察到自己被抓住了，它会发出可怕的叫声，杀死自己的幼崽。戴维提供了一幅插图，是画家让·库辛[2]根据他的描述以及一张晒干的毛皮所作。后来，作者告诉了他苏卡拉特（succarath）这个名字，并且认为它生活在佛罗里达，但对地点的变化他并未做出解释。

它不会让自己的幼崽被人抓住，而是选择将它们杀死，这就解释了为何我们在动物园里见不到这种动物。

1607年，英国博物学家爱德华·托普赛再次采纳了戴维的信息，并且补充道，苏卡拉特“残忍、暴躁、激烈、不可驯服、充满攻击性且十分血腥”。一旦它看到猎人，就会“大叫、呻吟、怒吼，发出巨大又可怕的声音，追赶它的人都会被吓一大跳”。然而作者依旧承认他对这种巨兽了解得并不多。1635年，西班牙神父、博物学家朱安·涅伦博大概对那幅画深信不疑，又补充说苏卡拉特的样子长得像狮子，至少，它的大胡子一直长到耳朵边，就像人一样。

但是这种动物是否真实存在一直都让人怀疑。在1803年出版的《新博物学词典》中，博物学家夏勒·索尼尼认为，那是“一种生活在巴塔哥尼亚土地上的凶残的四足兽，从涅伦博的文字中不可能辨别出动物的样子，更不要说他所提供的图画。文字和图画中都添加了明显杜撰的细节，让人有充分的理由相信苏是想象虚构的可怕动物，用来蒙人的”。但是，19世纪末，阿根廷博物学家弗洛伦提诺·阿梅吉诺又把它从被遗忘的世界中捞了出来。他认为苏是懒巨人的侏儒后代，那些巨人在史前时期生活在南美洲的丛林里。

如今，苏卡拉特在神秘动物学的著作中都有介绍。它的体形大小改变了很多，因为有些人认为它有一头牛那么大。它的脑袋有点像人的脑袋，身体一半像狼、一半像虎，尾巴则像一支芭蕉叶。它躲藏在拉丁美洲南部的山中，不会让自己的幼崽被人抓住，而是选择将它们杀死，这就解释了为何我们在动物园里见不到这种动物。

如果我们相信安德雷·戴维的画，如果它真的生活在佛罗里达，我们就能比较容易认出这种动物其实是负鼠。这种身材矮小的有袋目动物真的会把自己的幼崽放在背上，幼崽们则会紧紧抓住母亲的尾巴。除了对老鼠造成威胁以外，它一点都不危险。但是，当它生活在巴塔哥尼亚地区时，苏卡拉特就充满了神秘性。

1. 维勒伽农（Nicolas Durand de Villegagnon，1510—1571），法国军人、探险家，曾在巴西建立了一片法属殖民地，并且将其命名为“南极法国”（France antarctique）。

2. 让·库辛（Jean Cousin，1522—1595），法国矫饰主义风格画家。其父亲与他同名，是文艺复兴时期的一位画家。艺术史上称他们为让·库辛父子。

MAMMIFÈRES (Opossomimes)

哺乳动物（负鼠目）

当苏卡拉特或者苏遭受攻击时，它会散发出一种含有尸氨的液体。母兽与幼兽都会待在原地不动，肚子朝天。
它们这么做是为了叫人相信它们已经死了，这会让许多的食肉动物望而却步。
这种行为与负鼠的行为极为相似：这是一种进化过程中的共通性。

苏卡拉特

（*Apogophororus enigmaticus*）

（南美洲）

雌性苏卡拉特以及它的姿态

苏卡拉特的胡须

在一个群体中，苏卡拉特的社会地位，
无论是雌性还是雄性，都与触须的长短
以及胡须的样子有关系。

苏卡拉特的骨骼图

前爪

Le Chupacabra
山羊吸血怪

奇幻动物有些源于古代作家的描写，文艺复兴时期的探险家以及18世纪的博物学家讲述的故事进一步使这些描写趋于完整。这些故事向读者介绍新的动物，虽然它们也许尚未正式被动物学家接受或证实。这正是卓柏卡布拉（Chupacabra）的情况，它于20世纪90年代初在波多黎各出现。它名字的意思是“山羊吸血怪”，这来源于它所吃的东西：卓柏卡布拉会在农场动物的脖子上咬出一个个小洞，放干它们的血，最终使它们丧命。它会攻击牛、狗、鸡，让整群整群的山羊、绵羊死去。它干过的坏事在整个拉丁美洲都广为流传，甚至从智利一直流传到美国的南部。人们的所见所闻各种各样，卓柏卡布拉的模样也各不相同，以至于我们以为存在好几种不同的山羊吸血怪。

卓柏卡布拉会在农场动物的脖子上咬出一个个小洞，放干它们的血，最终使它们丧命。

目击者描述了一种浑身长着灰毛的动物，头让人想起狗的脑袋，会像袋鼠一样蹦跳着往前移动，有时还会爬树。有些生物学家认为这些动物应该是患了疥疮的郊狼，疥疮是一种会让动物掉毛的疾病。此外，有些电影中展现的这类动物非常像被疥虫伤害的狐狸或者野狗。它们爬树的能力会让人想到浣熊。如果有人抓到这种卓柏卡布拉（有时会有这种事），会觉得它们是毛茸茸的小型食肉动物，身体淡灰色。被关在笼子里时，它们喜欢吃猫粮、狗粮或罐头里的玉米。神秘动物学家认为，这就证明了它并不是真正的山羊吸血怪，因为无论是它的体格还是它喜欢的食物都与真正的嗜血动物不同。

各种不同的实地见闻证明了这种动物的存在，据说它很像长着红眼睛的巨型蝙蝠。这种卓柏卡布拉是一种四足兽，但也可以直立起来。卓柏卡布拉一开始被叫作“摩卡的吸血鬼”（El vampire de Moca），摩卡这座城市在1975年遭受了相似的侵袭。因为预设的食肉动物的行为方式，以及电影中吸血鬼的影响，我们不能排除好莱坞神话对这些故事的影响。而且，好几十份对受害者的分析报告都表明，受害者的血其实并未完全流尽。

另外一些人认为这是一种体形很小的动物，不足1米高，浑身长着绿色的鳞甲，眼睛很大，背上长满了刺。卓柏卡布拉仿佛更应该是爬行动物而不是犬类动物！奇幻动物爱好者有时也是科幻爱好者。在不同的见闻中，留下的只是一些短暂而模糊的印象，卓柏卡布拉对于某些人而言变成了一种类似于外太空生物的两足动物，就像我们有时想象出来的样子。所以它在某些方面就显得有点刻板，就像罗斯威尔外星人的凶残版[1]。事实上，如今它更多地出现在与“超自然”或者“外星生物”相关的文章中，而不是出现在介绍普通动物的文章中。

1. 1947年，在美国新墨西哥州罗斯威尔市发生坠毁事件，美国军方认定坠落物为实验性高空监控气球的残骸；而许多民间UFO爱好者及阴谋论者则认为坠落物确为外星飞船，船上乘员被捕获，整个事件被军方掩盖。发现地点罗斯威尔亦被不明飞行物研究者推崇为研究“圣地”之一。

LE CHUPACABRA

Mammifère Chiroptéroïde

—

山羊吸血怪

（翼手目哺乳动物）

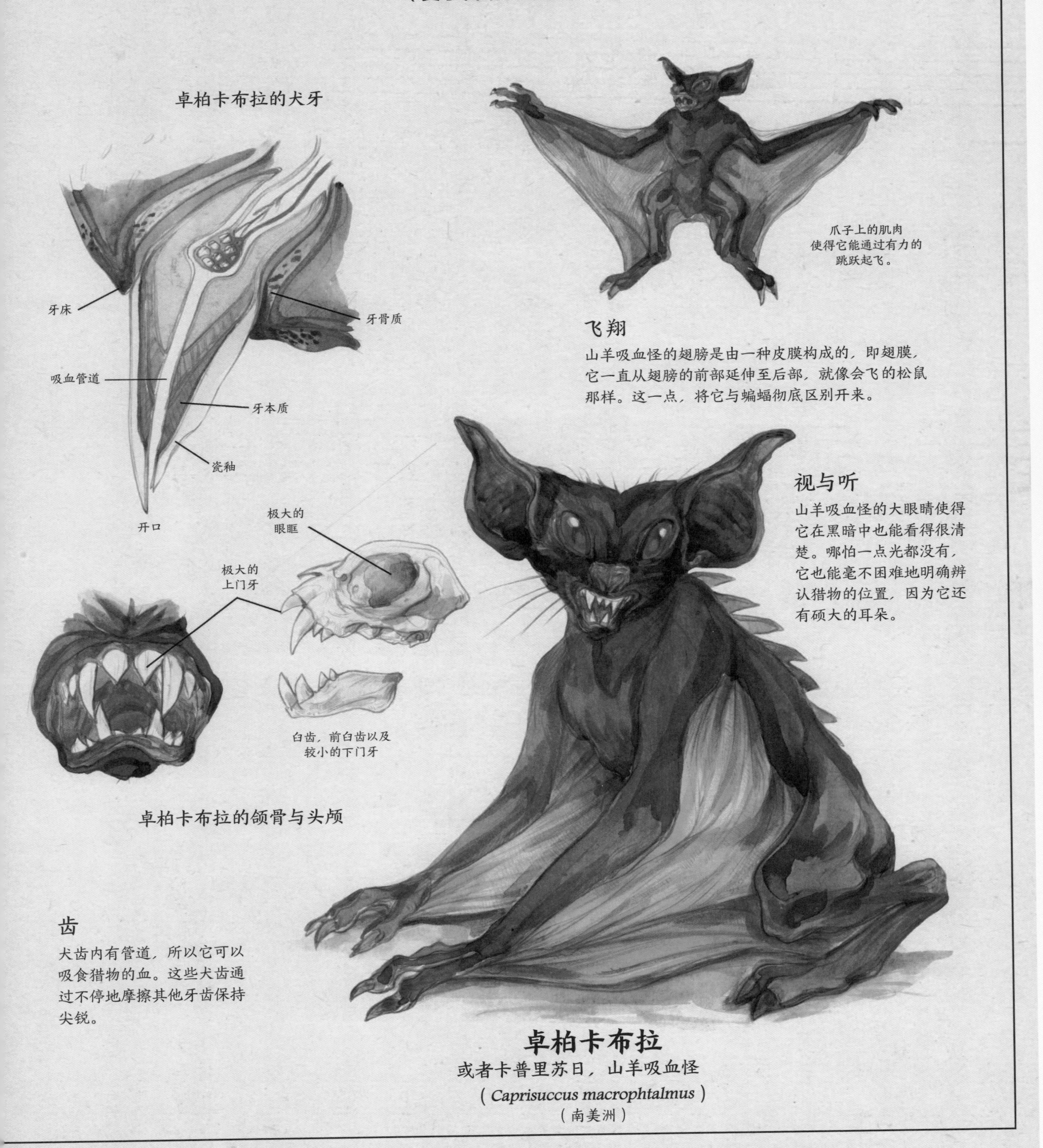

飞翔

山羊吸血怪的翅膀是由一种皮膜构成的，即翅膜，它一直从翅膀的前部延伸至后部，就像会飞的松鼠那样。这一点，将它与蝙蝠彻底区别开来。

视与听

山羊吸血怪的大眼睛使得它在黑暗中也能看得很清楚。哪怕一点光都没有，它也能毫不困难地明确辨认猎物的位置，因为它还有硕大的耳朵。

齿

犬齿内有管道，所以它可以吸食猎物的血。这些犬齿通过不停地摩擦其他牙齿保持尖锐。

卓柏卡布拉

或者卡普里苏日，山羊吸血怪

（*Caprisuccus macrophtalmus*）

（南美洲）

Autres quadrupèdes
其他的四足兽

1788年，天主教教士雷出版了《普通动物学简要》，“既是服务于博物学家，也服务普通大众”。1804年，诗人、寓言作家路易·弗朗斯瓦·姚弗雷读了作品中描写的四足动物，在此基础上他又添加进去一些尚未被证实的动物：高维拉（gauvéra），吉亚玛拉（ghiamala），阿里奇（harish），加纳卡（janaca），吉吉（kiki），马卡米兹里（macamitzli），马可可（macoco），马莫内（mammonet），玛姆特（mammouth），佩瓦（peva），皮拉苏皮角兽（pirassoupi），考培科特利（quaupecotli），塔比基（tarbikis），还有塔米兹里（tlamitzli）。

这些动物，有些最终明确了它们的动物学谱系。例如，苏克提若猪形怪在今天被叫作鹿豚（babiroussa），马可可大约是指羚羊，玛姆特以及许许多多其他令人怀疑的动物如今都已经为人所知。从清单上列出的某些动物的身上，我们还可以很容易地辨认出猫科动物、犰狳以及食蚁兽的影子。其他的一些动物明显更像是传说中的动物，例如阿里奇、皮拉苏皮角兽，它们都是独角兽的一种，还有苏卡拉特以及特雷特-特雷特（le trette-trette），或者特拉特拉特拉特拉（tratratratra）。

更令人迷惑的是生活在非洲内陆的吉亚玛拉。一些并不那么可信的旅行家认定它比大象高半个身子，但是没有大象那么壮，腿特别长，脚长得像牛的脚，背上有两个峰，头上则有七个角。这种描述让人觉得它是一种长颈鹿与骆驼的组合，还有人说它“极为凶残”，这就一点都没有根据了。这种不可能存在的动物，在1728年第一次被人提起，与古代作家或者16世纪时期的安德雷·戴维所提出的好几种四脚兽十分吻合。人面虎身兽的情况也是这样，它生活在埃塞俄比亚的海边，“一种体形大小与老虎差不多的动物，但是没有尾巴，而脸部特征又同人的极其相似，只是鼻子很塌，前爪与人的手很像，而后爪则像老虎的爪子，浑身长着羊毛一样的皮毛”。读到这里，有人想象出的样子可能和一只大猩猩差不多，但是这个地点并不符合大猩猩所生活的环境。另外一种动物是“只靠风生存的树栖长毛兽”。这种动物让人觉得是一种身材极小、毛色猩红的人面虎身兽。我们可以在索科特拉岛见到它。

博纳斯或者博纳孔依旧能逃过食肉动物的追捕，因为“它能释放出一种气体，这种气体宛如火焰，会烧死追赶它的动物”。

普林尼还简单地描述过非洲一种头垂地的长颈怪兽卡托布莱帕斯（catoblépas）：“它身材比较小，肢体仿佛都软绵绵地没有力气，勉强顶着一个大脑袋。它的脑袋总是垂在地上，如果不是这副模样，它肯定会伤害人类，我们只有倒在地上一命呜呼时才能看见它的眼睛。”另有人描述：“它的呼吸才具有危险性，因为它喜食有毒的植物，所以会释放毒气。它看起来像一头公牛，但是它的表情又非常可怕，因为它的眉毛上扬，且又长又密。”博物学家更愿意把它看作牛羚，就像他们看到关于博纳斯或者博纳孔的描写时会想到野牛，博纳斯与博纳孔的角是向内对着生长的，所以并无什么实际用处。还好，这种动物依旧能逃过食肉动物的追捕，因为“它能释放出一种气体，这种气体宛如火焰，会烧死追赶它的动物”。

有一本出版于1769年的《渔猎理论与实践词典》，里面也描述了几种这样的动物，在这里引用一下某个文学评论家对这本书的评价：“作者有时谈论一些他不认识的动物，或许他应该不谈为妙。”

N° 12

MAMMIFÈRES (quadrupèdes)

–

哺乳动物（四足动物）

Cabinet des Merveilles – MIRABILIAE – Établissements DEYROLLE, 46 rue du Bac, Paris 7e

Bêtes ailées

—

有翼兽

Le Phénix
凤凰

庄严的姿态，火红的光芒，可浴火，可重生，可变形；即使和历史上最伟大的英雄相比，凤凰也具有更多的力量与象征意义。根据时代与地区的不同，它的传说有时也会有些变化，但是中世纪时期有关这种动物的传说基本上都十分相似。这种鸟生活在印度，长着紫色与金色的羽毛。当它满500岁时，就会向西飞去，踏上漫漫旅途。在路上，它会找到一株芳香四溢的树，让自己的翅膀熏染香气。到达埃及后，在赫里奥波里斯这个地方，它登上一座祭坛。凤凰用自己的身体点燃柴火，被火焰吞没。之后，第一天，有人刨开灰烬，找到一条虫；第二天，当那人再回来时，虫子已经变成了一只小鸡；到第三天快结束的时候，新的凤凰已经成年，飞走了。凤凰是“时间、生命与死亡的最高统治者”。

它的美丽与力量，会使人想起心爱的女人，但是它的命运更让人想到为爱而殒命的情人。

最早的基督教教徒认为，这种鸟是一种十分真切的形象：“我们的主基督耶稣就是这样重生的。”文艺复兴时期，凤凰是否存在是一个极其重要的问题。传说有人将凤凰的一根羽毛寄给了一位与伊丽莎白一世军队战斗的爱尔兰战士。伦敦展出了一些羽毛，后来它们被证实是天堂鸟的羽毛。另外一些人并不认可神话，因为无法证实凤凰的存在：它是一只金色的野鸡，一只天堂鸟，还是一只红色的火烈鸟？另一个问题则更让人迷惑：重生的凤凰依旧是原来的凤凰还是另一只凤凰？

凤凰也有一些世俗的解释，例如，它代表了爱的欲火。它的美丽与力量，会使人想起心爱的女人，但是它的命运更让人想到为爱而殒命的情人，就像蒂博·德·尚帕涅[1]所唱的那样：“凤凰寻找柴火与枝蔓，将自己烧死，将自己推向死亡。所以，当我遇见我的爱人时，我也在寻找自己的死亡与痛苦，除非她对我心生怜悯。”19世纪时，争论主要围绕神话与天文学展开。凤凰的生命周期是多久？500年、654年、1 460年还是12 954年？这是否与一年的季节分点有关系呢？

现在，神话依旧富有生命力，商业标志也很喜欢利用神鸟的特性。核电站、保险公司或者地产建设公司的形象宣传中都能见到凤凰的身影。

1. 蒂博·德·尚帕涅（Thibaut de Champagne，1201—1253），法国香槟省伯爵。

RÉGÉNÉRATION DU PHÉNIX

N° 13

—

凤凰的重生

当凤凰意识到自己死期将至，就会用香料与香草的叶子筑一个巢，将其点燃，烧尽自己。
几个小时后它就会重生。我们把这叫作“自我克隆”或者“快速克隆生长”，就像一些植物在遭到火烧后会再生长那样。

Cabinet des Merveilles - MIRABILIAE - Établissements DEYROLLE, 46 rue du Bac, Paris 7e

Le Griffon et l'Hippogriffe
狮鹫与骏鹰

狮子和鹰向来都被看作各自所在类属中的王，半是狮子半是鹰的狮鹫则融合了这两种动物的威严。也许这就是为什么这种杂交而成的动物自洪荒时代，即公元前好几千年开始，就出现在埃及以及波斯宫殿的大门口。

公元前5世纪时期的地理学家与历史学家希罗多德是最早描写狮鹫的作家之一。这些动物生活在印度北部的山里，出没于中亚独眼人阿里玛斯波伊人的土地与北部文明的代表民族极北人的土地之间。阿里玛斯波伊人是公认的善于骑射的民族。他们不停地试图从狮鹫那里抢夺金子，因为这种怪兽会从土里挖出金子来给自己筑窝。

因为它的爪子和角一般长，它张开的翅膀看起来就像大树。

希腊人与罗马人大量描绘了狮鹫以及它参与的战斗。他们呈现的通常是一种和狼差不多高的四脚兽，爪子和腿同狮子的很像。它身上的羽毛是黑色的，脖子上的羽毛是蓝色或者红色的，不同的作者说法不一。它还长着鹰一样的嘴巴，目光炯炯有神。有些作者认为它并不是像鸟那样长着羽毛，只是它翅膀的骨头通过一种红色的隔膜连在一起，就像巨大的蝙蝠那样。

虽然这种怪兽广为人知，但是它的真实性还是值得怀疑。普林尼认为“长着钩形嘴巴、长耳朵的狮鹫”是杜撰的（这让人吃惊，因为我们看到他描绘过许多其他奇幻的动物，眉头都没皱一下）。但是，14世纪时期，探险家让·德·曼德维勒[1]再一次确认了它的存在。他确凿地说，它要比八头狮子、一百只鹰还要大，还要强壮。一只狮鹫可以掳走一匹马或者两头套在车上的牛，去喂养它自己的孩子，“因为它的爪子和角一般长，它张开的翅膀看起来就像大树”。但是1555年，博物学家皮埃尔·博隆在自己所作的关于鸟类的专著中提出，那其实是“一种无聊的虚构”。之后，大部分博物学家的作品都对它避而不谈。贵族家庭的纹章上基本也见不到狮鹫图案的装饰花纹了。

奇怪的是，它同马的亲缘关系使它又一次受到大家的关注。维吉尔在《农事诗》中写到了狮鹫与母马的爱，被认为是怪诞与荒谬的象征：如果摩普索斯可以与妮萨结合[2]，那说明一切都有可能，狮鹫就可以同母马交合！诗人并没有写下相关的诗句。16世纪时，阿里奥斯托[3]，《疯狂的罗兰》的作者，第一个提出那种爱的确存在：“鹰狮马并不是一种想象的存在，而是一种自然的存在，母马同狮鹫交合生出了它。从父亲那里，它继承了羽毛、翅膀、前足、脑袋以及爪子。它的其他部位都长得同母亲一样，它的名字叫作骏鹰。”所以这是一种与马相近而不是与狮子相近的动物。自阿里奥斯托之后，骏鹰在19世纪时期浪漫主义诗歌中偶有出现，尤其是在20世纪与21世纪大量描写中世纪奇幻题材的文学作品中，它完全取代了它的父亲——最初的狮鹫。

1. 让·德·曼德维勒（Jean de Mandeville，？—1372），法国探险家。他曾去埃及以及亚洲等国家远游，甚至到过中国。远游的时间长达34年，之后他根据自己的游历用拉丁语创作了《世界奇观之书》。

2. 摩普索斯（Mopsus），希腊神话中的人物，有不同的解释。一说为先知、神，另一说为牧羊犬模样的人。妮萨（Nisa）为一个漂亮的女子。

3. 阿里奥斯托（L'Arioste，1474—1533），文艺复兴时期意大利诗人，著有史诗《疯狂的罗兰》，又称《疯狂的奥兰多》。

OISEAUX (HYBRIDES)

N° 325

—

鸟类（杂交种）

狮鹫是一种巨型鸟，由狮子与鹰杂交而成。
它本身也是骏鹰的始祖，因为后者正是前者与母马交配后生出来的。

狮鹫
（*Gryps augustus*）
（小亚细亚）

骏鹰
（*Hippogryps fictus*）
（欧洲）

Les Aigles géants
巨鹰

曾经，有一种巨大的鸟，它的翅膀可以遮挡住天空，它的蛋打碎后蛋壳可以当人类的屋顶，它们只用爪子抓一下就可以杀死一头牛。抛开真实性不说，这些都是旅行者们从远方回来后讲述的故事。马可·波罗就听人说起过一种生活在阿拉伯半岛南部的鸟，有很长一段时间，人们都以为那是马达加斯加岛："他们说它那么大、那么有力，可以抓住一头大象，把它带到高空中，又把它摔到地上，大象最后摔得粉身碎骨；然后这只狮鹫一般的大鸟就会将大象撕碎、吃掉，美美地饱餐一顿。这座岛上的人都叫它卢克（Ruc），没有其他的名字……他们并不知道狮鹫是什么，但是，根据他们描述的庞大身躯，我们十分肯定这应该是一只狮鹫。"

这并不是关于这种鸟最早的描述。7世纪时，古叙利亚基督教徒雅克·德戴斯对一种巨大的鸟很感兴趣，可能与卢克或者是马达加斯加语所说的罗克鸟（Rokh）很像，"这是印度国一种力气很大的鸟，它被很多人叫作象-鸟（oiseau-éléphant），因为它甚至能从母象的背后掳走小象。当小象还很小的时候，它会把小象抓走，然后在它居住的沙漠里把它吃掉"。我们在《一千零一夜》中也可以见到它，几乎一模一样："它的力气那么大，可以把平原上的大象抓走，把它们带到山顶上，在那里把它们吃掉。"这种行为很明显是罗克鸟的行为。"象-鸟"（oiseau-éléphant）首先是指会抓大象、吃大象的鸟，不管是在印度还是在马达加斯加。它可能与另一种更远古的巨鸟相似——波斯的西莫弗神鸟（Simorgh）。这种巨鹰住在卡夫山，但是谁都不知道具体是在什么地方。它以牛羊为食，很轻易就能抓到这些牛羊。人们都认定它会讲各种语言，有智慧，而且还有宗教信仰。

它的力气那么大，可以把平原上的大象抓走，把它们带到山顶上，在那里把它们吃掉。

世界各地还有许许多多关于巨鹰的故事，通常充满了神秘感。例如，斯堪的纳维亚的哈艾斯维勒格，它抖一抖翅膀就可以刮起吹遍世界的风；又如印度的金翅鸟伽鲁达，半人半鹰，是毗湿奴的坐骑。罗克鸟与西莫弗鸟更加接近现实世界，因为它们会下蛋而且会抓捕猎物喂养自己的幼鸟。于是一些博物学家试图在已知的鸟类中寻找与它们相近的同类。19世纪东方历史学家纪尧姆认为："马可·波罗所描写的罗克鸟的翅膀长度（3.6米）以及翅膀打开后的翼展（9米）并不那么离奇，我们可以认为它真的存在。"他参照的是在远征埃及时杀死的胡兀鹫（因吊在嘴下的黑色胡须而得名）的大小，它打开的翅膀大约有5米长，在这类动物中也是极其罕见的了，可以说有点像罗克鸟。但是他又承认："这个长度离9米还有一段距离，不过这种差距在现代也不是不可能的。"

但是即使这样，一只鹰也无法拎起一头大象！在阿根廷，人们发现了一种鸟的化石，它的翅膀打开后长7米，还是不够长。但我们知道存在一种小型象，个子和一只大狗差不多，曾生活在马耳他及西西里。一只巨鹰抓住一只矮象宝宝，难道只能满足于这样一种假设了吗？

OISEAUX (MÉGAQUILIDÉS)

N° 215

—

鸟类（巨型龙骨鸟）

巨鹰，即巨型龙骨鸟，包括卢克鸟（或罗克鸟、鲁克鸟），
波斯的西莫弗，斯堪的纳维亚的哈艾斯维勒格，以及印度的伽鲁达，它们都可以在飞行时抓走大象。

罗克鸟吐出的杂物的成分

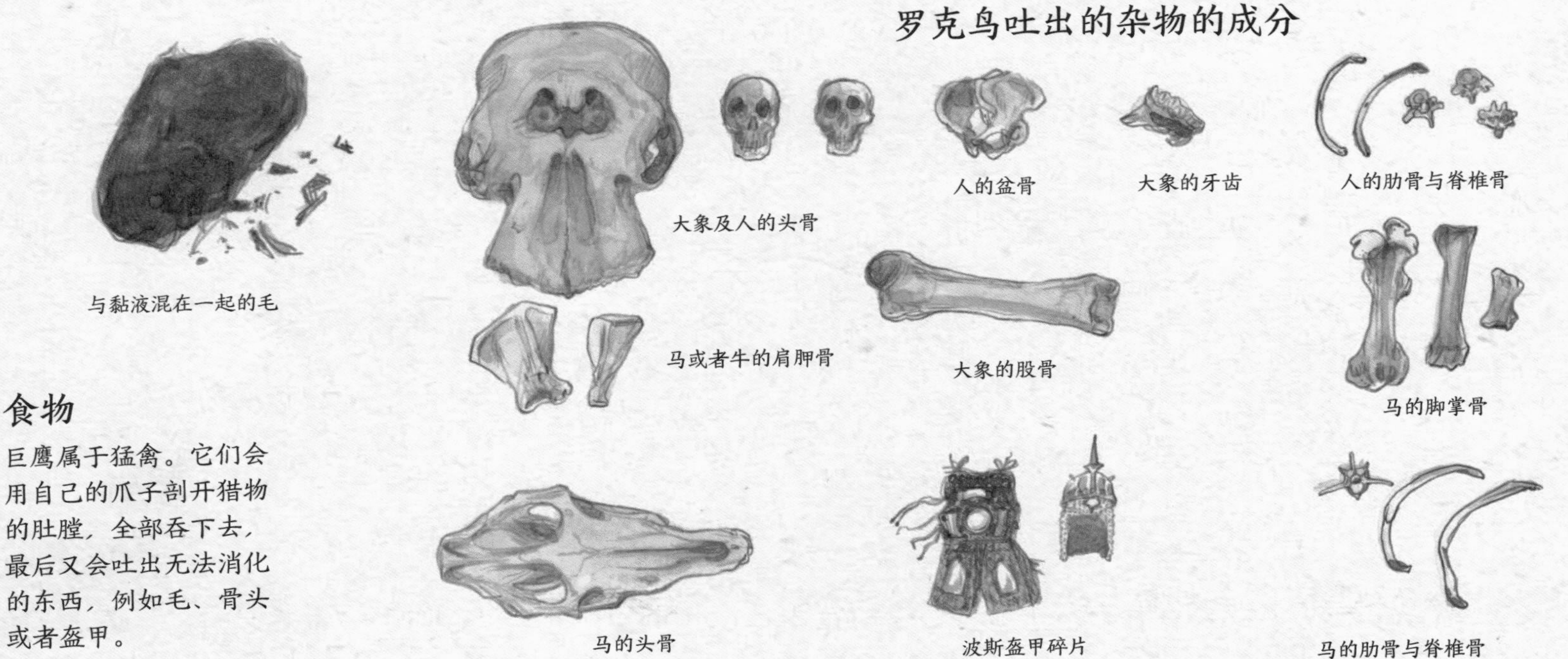

食物

巨鹰属于猛禽。它们会用自己的爪子剖开猎物的肚膛，全部吞下去，最后又会吐出无法消化的东西，例如毛、骨头或者盔甲。

Le Vorompatra
象鸟

1658年，马达加斯加的行政长官艾蒂安·德·弗拉古称，岛上的动物里有一种沃宏帕特拉（Vorompatra）巨鸟："这是一种一直困扰着昂帕特人（Ampatre）的大鸟，它会像鸵鸟一样下蛋……人们抓不到它，因为它总是栖息在最荒芜的地方。"

他没有再说什么，这种南部大海里的巨鸟一直都被人所遗忘，直到1838年。那一年，英国动物学家理查·欧文从一位已经退休的航海外科医生那里收到一根从新西兰某条河流的污泥中挖掘出来的骨头。根据当地传统说法，它应该属于某种鹰。很快，欧文意识到这应该是一种鸟，而并不是鹰，因为它应该体形庞大但不善飞翔，就像一只极大的鸵鸟。他把它叫作"迪诺尼斯"（Dinornis），即"可怕的鸟"。毛利人则讲述了他们的父辈与巨型恐鸟（Moas）之间可怕的斗争史。

蛋的容积有8升多，相当于6个多的鸵鸟蛋、150个鸡蛋或者50 000个蜂鸟蛋！

几年后，马达加斯加的鸟又重新出现，当时许多学者都认为很可能存在巨大的陆地鸟。1851年，巴黎的自然历史博物馆收到一些蛋以及一些骨头，是大岛区[1]的一位上校寄来的。其中的两只蛋完好无缺：容积有8升多，相当于6个多的鸵鸟蛋、150个鸡蛋或者50 000个蜂鸟蛋！伊西多尔·吉奥弗洛·圣-伊莱尔（著名的博物学家的儿子）把这种新的鸟叫作艾皮奥尼斯（AEpyornis），即"大鸟"。另外有一个法国商人在三年前曾经想要买一个类似的蛋，它的所有者拒绝了，因为他认为这个东西非常稀有。此外，生活在马达加斯加西海岸的萨卡拉瓦斯人（Sakalavas），声称这种鸟依旧存在，只是存活下来的数量很少。其他岛民都认为这种鸟已经销声匿迹了。大家一致认为它可以从地上抓走一头牛并把牛吃掉，但是它害怕当地人。

沃宏帕特拉鸟重400多千克，被认为是所有已知鸟类中最重的鸟。它有着两条强壮的腿，顶着一个长3米的脑袋，很显然它没办法飞起来。和新西兰的恐鸟一样，它可能也是食草动物。它基本不害怕岛上的小型食肉动物，却曾被岛上最早的居民捕猎，这些居民于4 000年前从东南亚来到这里。与外界隔绝后，经历了好几千年的进化，大鸟们似乎在第一批欧洲人到来之前就已经灭绝了。

人们想要在沃宏帕特拉鸟身上寻找神鸟的原型，如马可·波罗描写的罗克鸟。偶然发现的巨蛋也许增加了传奇的真实性，使其深深扎根在现实里。但是与沃宏帕特拉鸟不同，罗克鸟是会飞的，这并不是一个无足轻重的细节，因为我们都说它可以抓走大象！沃宏帕特拉鸟意指"昂帕特人沼泽中的鸟"。它的别称"象-鸟"是博物学家赋予它的，因为它个子虽大但是骨头笨重："如果艾皮奥尼斯不是所有鸟类中最高大的鸟，那它也是迄今为止最壮、最笨重、最臃肿的鸟！"这个别称也是将其与罗克鸟联系得更加紧密的原因，罗克鸟是真正的象-鸟。但是两相比较，名字的意义完全发生了改变：捕食大象的食肉动物变成了一只体态笨重的鸟！

1. 法国城市斯特拉斯堡的一个区，是一座岛屿。

OISEAUX GÉANTS

N° 94

—

巨鸟

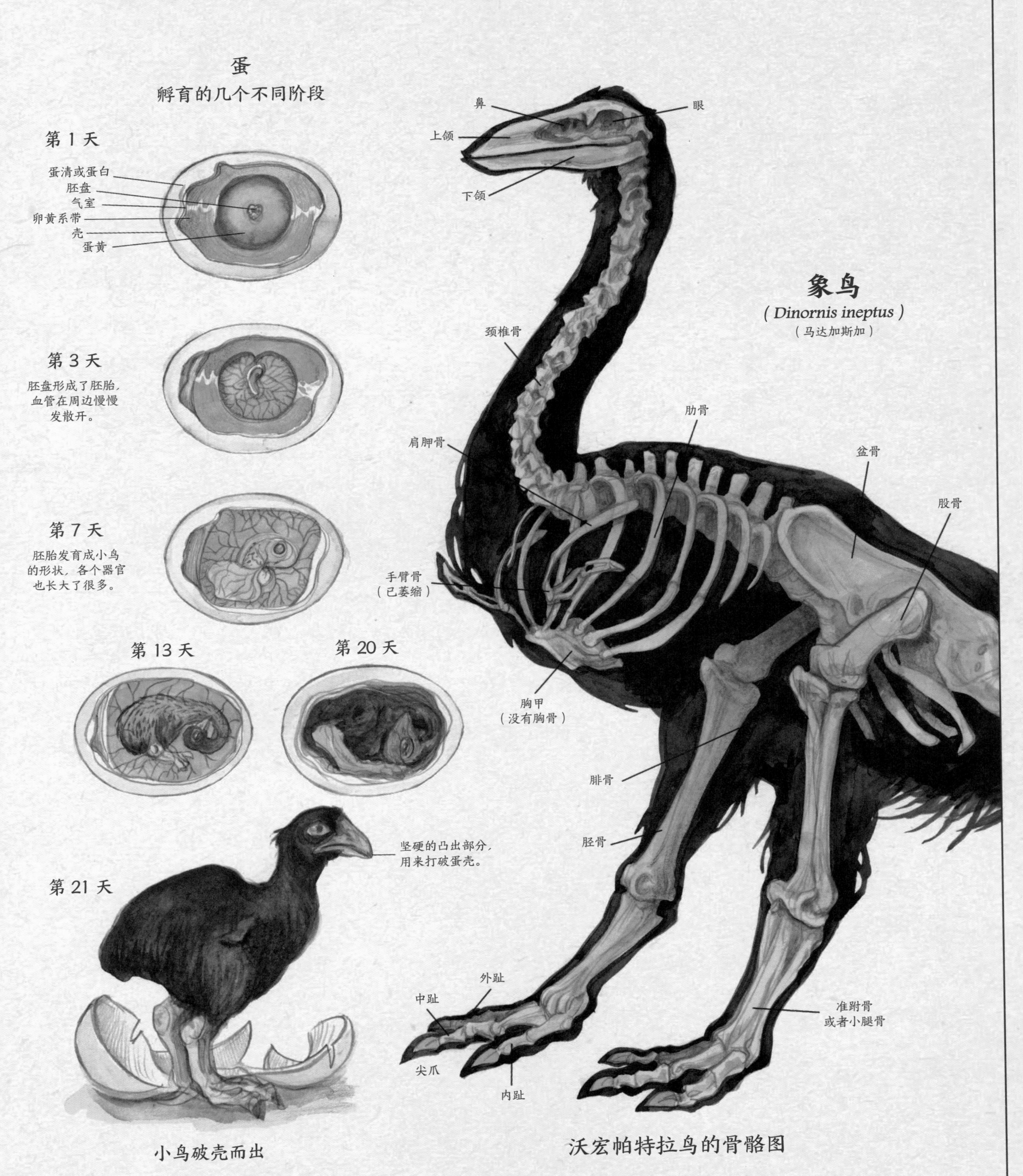

Cabinet des Merveilles - MIRABILIAE - Établissements DEYROLLE, 46 rue du Bac, Paris 7e

La Harpie

哈耳庇厄

根据1694年第一版法兰西学院词典，哈耳庇厄是一种“神奇的鸟，非常贪吃，诗人们认为它长着一张女人的脸，爪子极其弯曲、尖利。它的名字可用来影射那些侵吞人民财产的人，‘这是一群哈耳庇厄，真正的哈耳庇厄’。”维吉尔对它的描述要更加吸引人：“它们根本就不是可怕的怪兽，也不是危险的瘟疫……它们有少女一般的面庞，腹部又脏又可怕，爪子屈曲如弯钩，长期的饥饿使得它们面色苍白。”

哈耳庇厄是海中巨人陶玛斯与厄勒克特拉或者尼普顿与忒路斯的女儿，它们都是神话人物，并不属于真实存在的动物种类[1]。它们在动物界中基本没有位置，因为动物界中的动物必须有自然史，尤其必须能够生育，一代接一代，从而使自己的族类繁衍不息。但是1784年10月20日，巴黎的一份报纸《法国水星报》报道了捕获一只雄性哈耳庇厄的新闻：“我们的时代显然见证着一个又一个奇迹……这无疑是一种新的怪兽，目前它已经传遍宫廷与城市的各个角落，它被发现于西班牙殖民的美洲……据说这是一只哈耳庇厄，被认为是具有奇幻色彩的一种动物。”这只动物应该是在智利的珐呱湖（Fagua）湖边被抓到的：“它身长12英寸，脸长得像人的脸……它有两条尾巴，一条非常具有弹性，呈环状，就像大象的鼻子那么柔软，它用这个尾巴来抓捕猎物，另一条尾巴很硬，尾巴的尖端长着刺，专门用来杀死猎物。它浑身都披着鳞甲。”人们喂牛与猪给它吃，“它非常爱吃这两种动物”。文章又继续写道：“人们想要抓住一只雌性的哈耳庇厄，以防止它在欧洲灭绝。”雄雌，这显然是动物学的角度描述！但是我们必须追究事实的真相，这个故事是编造的，一本题为《对一种在圣菲[2]附近的珐呱湖湖边活捉的具有象征意义的怪兽的历史描述》的小书揭露了这一事实。这本小册子的作者可不是什么籍籍无名的人士。他叫弗朗西斯科·伊科萨维罗·德·蒙约，是巴塞罗那伯爵，但是所有人都认出了这位先生名字中的玄妙：他是路易十六的兄弟、普罗旺斯伯爵。他所说的哈耳庇厄实际指财政赤字，即当时国家财政部坠入的深渊。如果雄性哈耳庇厄是当时的财政部部长卡罗纳，那么雌性哈耳庇厄只能是玛丽-安托瓦内特，她被冠以“赤字夫人”的称号，并且被控诉挥霍国家财产。

它有两条尾巴，一条非常具有弹性，呈环状，就像大象的鼻子那么柔软……另一条尾巴很硬，尾巴的尖端长着刺。

这个小册子重版了十多次，珐呱湖的哈耳庇厄在各处流传，在各处引起过巨大的恐慌或者公众的嘲笑。它甚至还引领了后来“哈耳庇厄服饰”的流行，这种服饰有着三角形的剪裁，用于表现出它的鳞甲或者蝙蝠一样的翅膀。

“依照哈耳庇厄制造出缎带、礼服以及礼帽。女士们，你们的品位展露无遗，你们远离了庸俗的玩意儿，穿上了具有个性的服装。”

在立法者让-巴普蒂斯特·卡普菲格看来，“也许，伯爵先生并不清楚民众习惯这些控诉以后会产生什么坏处；但事实上，他是第一个用尽各种坏词攻击尊贵的王后的作者；当我们损毁了大多数民众心中的皇室祭坛，最简单的事莫过于借助暴乱与公共广场上的闹事引导人民走向革命”。哈耳庇厄的力量比龙的力量还大！

1. 陶玛斯、厄勒克特拉、尼普顿与忒路斯都是希腊神话中的人物。哈耳庇厄（harpie）如果首字母大写，即 Harpie、Harpyes、Harpias，也是希腊神话中的人物，鹰身妖女。

2. 圣菲（Santa Fé），墨西哥城的地区名。

OISEAU MIMOGYNE (LA HARPIE)

N° 42

—

类女鸟（哈耳庇厄）

哈耳庇厄是一种脸有时会被比作女人脸的鸟。它一般以死鱼为食，因此羽毛散发出一种臭味。

雄性与雌性

在发情期，雄性的哈耳庇厄会展开自己的羽毛，在雌性哈耳庇厄周围一边发出刺耳的叫声一边不停地飞来飞去。其余时间，雄性几乎与雌性没有什么差别，因为它们的羽毛基本一模一样。

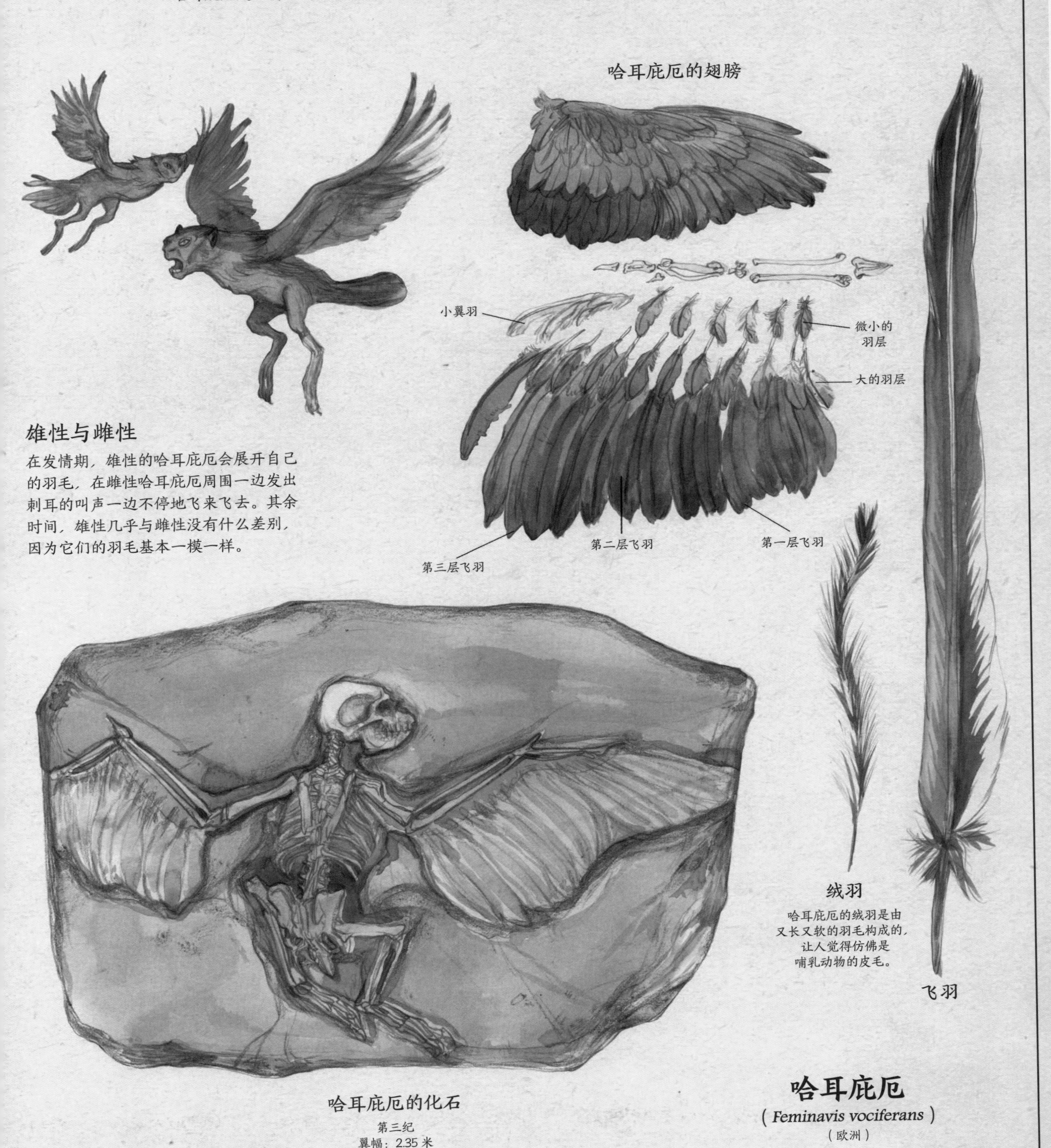

绒羽

哈耳庇厄的绒羽是由又长又软的羽毛构成的，让人觉得仿佛是哺乳动物的皮毛。

哈耳庇厄的化石

第三纪

翼幅：2.35 米

哈耳庇厄

（*Feminavis vociferans*）

（欧洲）

Les Oiseaux merveilleux
幻鸟

文艺复兴时期，纪尧姆·隆德莱、皮埃尔·博隆、康拉德·格斯纳[1]以及其他一些博物学家开展了一项核实、描绘动物与植物种类的大工程。他们希望依托真实的考察而不是过去写就的书籍，他们必须排除神话中的鸟类，但是又不能因此触怒教廷，因为否认具有强烈的象征意义的鸟可能会被当成对宗教的抨击。

神翠鸟（l' alcyon）自远古时代以来就为人所知，是一种在冬季能使暴风雨宁静的鸟。它会用鱼刺编织、搭建自己的窝，"看起来就像是用针编起来的一样"。编织好以后，神翠鸟就把窝放在大海上，只有它自己可以进到里面去。它的蛋需要孵七天，雏鸟破壳后，它再给雏鸟喂食七天。这段时间内，大海都会极其宁静。这正是"神翠鸟的时节"，在这段时间，水手们不用害怕暴风雨。神翠鸟，可以让大海宁静的鸟。这种鸟是怎样的呢？许多人都认为它是翠鸟，但是翠鸟只会在河边凹进去的洞里下蛋。问题也就集中在鸟巢上，这也正是博物学家想要弄清楚的问题。有人把通常在海边发现的或者漂浮在海浪上的卵形物当作神翠鸟的窝。18世纪时，博物学家让·艾蒂安·盖塔尔分析了这些鸟窝，从中发现了一些海绵、缠绕的海藻、软体动物风干的卵、海里虫子的肠道等混杂物……根本就不是什么鸟窝！他总结说神翠鸟"与它形形色色的鸟窝一样对我们而言都是陌生的存在"。

如果神鸻一直看着病人，那就意味着它在"吃"他的病，接着它会飞向太阳，疾病将在那里被烧毁。

夏拉德留斯或卡拉德留斯（le charadrius或le caladrius），是另一种具有超自然能力的鸟。虽然它直到古文化末期才出现，中世纪时期的《动物志》都提到过它。除了羽毛纯白以外，我们对它的了解并不多。当它出现在病人的床头时，能够预示即将到来的命运：如果它移开自己的目光，那么意味着这个人就要死了；但如果它一直看着他的脸，那就意味着它在"吃"他的病，接着它会飞向太阳，疾病将在那里被烧毁。夏拉德留斯与病人将同时被治愈。当然，人们曾试图弄清楚这只神奇的鸟儿究竟是什么：苍鹭、鹳、海鸥、云雀、鹤、凫、鸻……希波克拉底[2]还主张用鸻炖的汤来治疗黄疸这种被大家认为是通过眼睛传染的疾病。我们同时想到了鸣叫的石鸻，它的眼睛就是黄色的，这可看作一种标志，但是它的羽毛完全不是白色的。至于黄鹂，它有黄色的羽毛，我们还会在一种眼疾中发现它的名字，即偷针眼或者麦粒肿[3]，但这些都不是重要的特征。这就是为什么皮埃尔·博隆放弃描绘这种鸟，甚至怀疑它是不是真的存在。

但是有几种鸟被证实确实存在，它们并不总是代表着吉祥。夜鹭（le nycticorax）就是其中一种，它又被叫作夜鸟，"又脏又臭"，是恶魔的仆人，被用来暗喻犹太人，因为比起真理的光芒它们更喜欢黑暗，所以被世人憎恶。《动物志》中的插图关于这种动物的形象描绘得非常清晰：其实它就是猫头鹰，好几个世纪里，它都被钉在谷仓的大门上。

1. 康拉德·格斯纳（Conrad Gesner，1516—1565），瑞士博物学家，他的许多百科著作都被认为是某个领域的奠基之作。《动物史》一书是第一本现代意义上的动物学著作，几乎描绘了所有的已知动物。
2. 希波克拉底（Hippocrate，公元前460—公元前370），古希腊医生、哲学家。
3. 法语中的"黄鹂"为le loriot，"偷针眼"为le compère-loriot。

OISEAUX (THAUMATURGIDÉS)

N° 52

—

鸟类（神鸟）

神翠鸟在水上筑巢时具有平息暴风雨的魔力。
夏拉德留斯栖息在病人的床头，只用目光就能使他康复。神鸟，或者说幻鸟，给人类许多帮助。

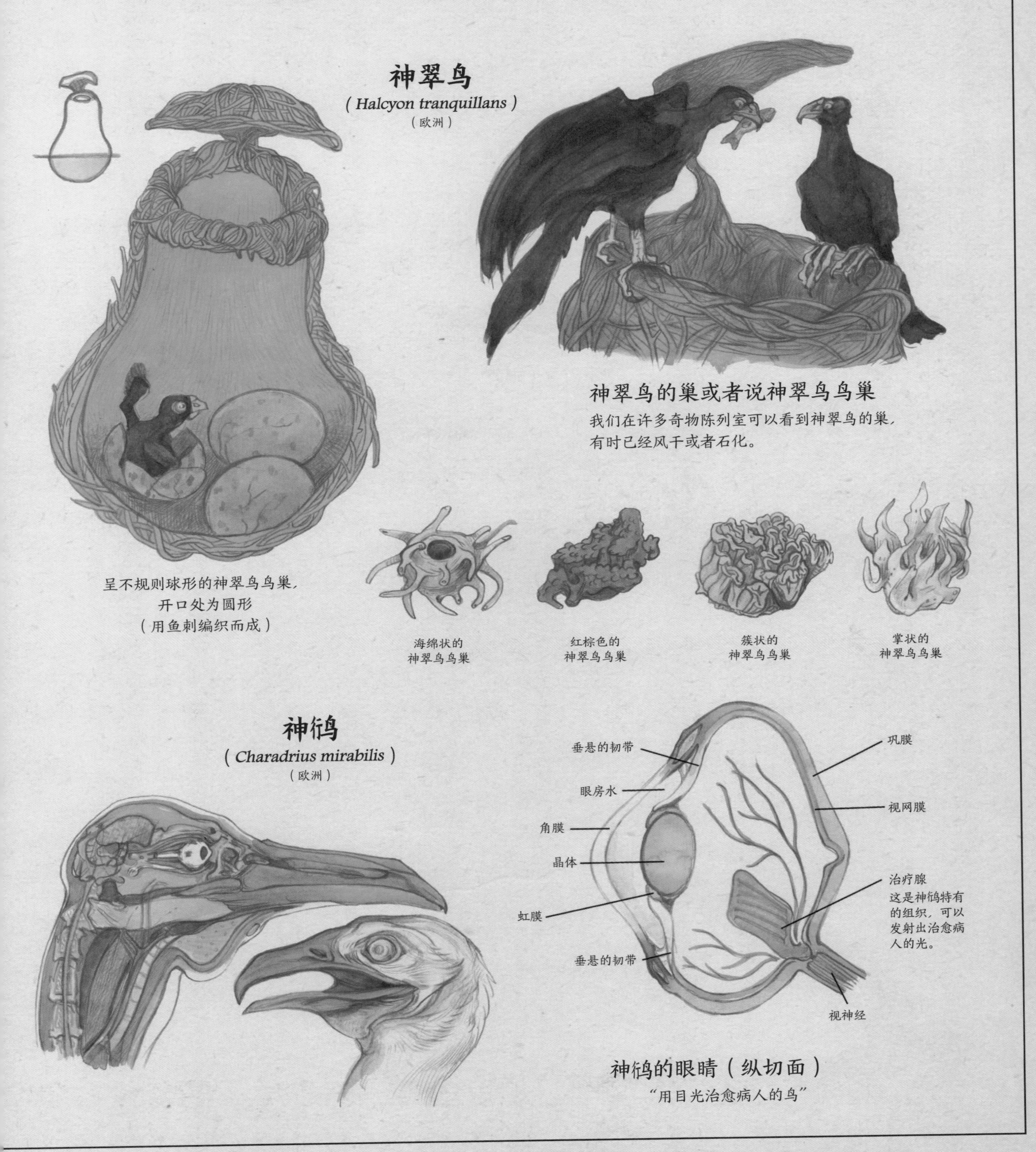

La Coquecigrue
鹳鸡怪

没有谁真的知道鹳鸡怪（le coquecigrue）[1]究竟为何物。这大概是一种杂交而成的动物，也不知道是为什么，它的样子中似乎有公鸡、鹳以及鹤（有些人还提到了天鹅）的影子。这也许就是作家们无法就它的名字达成一致意见的一个原因，它被叫作coqsigrüe，coqccygrue，coxigrue，cocquecygrue，côquesegrue[2]……其中一个被广为接受的假设是，鹳鸡怪是一种鸟，更确切地说，一种珍奇的鸟。不管怎样这是拉伯雷的观点，当他写到比克克尔[3]被打败后，"一个老巫女告诉他，他的王国将在鹳鸡怪到来时再次回到他手里"，换言之，永远都不可能。1750年出版的《法语词源学词典》中，吉勒·梅纳热指出"鹳鸡怪到来时"翻译成意大利语应该是："quando gli asini voleranno"，即"当驴子会飞时"。

解剖学家解剖并且分析了这种动物，发现它几乎没有脑，心脏也是又空又扁。

1670年，多米尼克的植物学家让-巴普蒂斯特·德·泰尔特在《法国统治时期安地列斯通史》一书中描写了岛上的动物。其中谈及了蚱蜢，"最庞大最危险的蚱蜢长得太丑，居民们不知道叫它什么，最后叫它鹳鸡怪（le coqsigrue）"。在文章旁边的插图中，我们认出那是一只竹节虫。这也是探险家阿梅德·弗朗索瓦·弗雷齐耶于1712—1714年沿着智利与贝鲁海岸线旅行行纪中所确认的事。他曾"看到一种极其特别的动物，它一动不动的时候就像一根树枝"。他认为，这正是"泰尔特神父所描绘的那种叫作'可可西格鲁'的蚱蜢"。之后，这种动物的特性变得更加模棱两可。1788年的《不常用法语词汇便捷词典》认为那是一种海里的鱼，而1831年的《法语—意大利语大辞典》则认为那是一种小型的贝类动物。Coq应该是指coque，即海里的软体动物。在奇物陈列馆中，有时会把可可西格鲁叫作"海胆的壳"，也就是，动物学家所说的海胆的外皮。吉勒·梅纳杰用了整整一页试图证明这种说法的合理性，但是他对海胆行为的认知不够，没有办法让人信服。他还提出了另一种可能："在拉弗尔[4]，水手会把大海冲击到岸上的某些黏糊糊的物质叫作'可可西格鲁'。那东西有点像糨糊，无论是颜色还是质地。"他又明确说，这种东西很漂亮，但是毫无用处，这丝毫没有增加我们对鹳鸡怪的认识。1822年的《艺术、时尚与戏剧画册》上，热衷社交的编年史作家埃瓦利斯特对这些谜一般的存在也提出了自己的观点："这种动物长着尖尖的鼻子与嘴巴，目光迷离，神经质又易怒，声音尖锐、羽毛闪亮妖艳。解剖学家解剖并且分析了这种动物，发现它几乎没有脑，心脏也是又空又扁。如果相信法兰西学院的著述，它的名字在法语里应该是阴性的；但是学院也不是不可能犯错误。"漫长的厌女传统中习惯以鸟的名字来称呼女性，鹳鸡怪的名字也列于其中。从鸽子到斑鸠，从母鸡到鹤。所以，即使我们没有成功确认这种动物的存在，但如果我们愿意相信路易·里歇尔，它依旧可以用来换取东西，他曾于1649年写下下面的诗句：

"每个人若要演得栩栩如生
都要想尽办法瞒过自己的邻人
用膀胱换取灯笼
用鹳鸡怪换取空话一堆。"

1. le coquecigrue，该词由coque（公鸡）、cigogne（鹳）、grue（鹤）合成，由此可推测该动物的样子。

2. 这几个词是coque、cigogne、grue几个词不同形式的拼写组合。

3. 比克克尔（Picrochole），拉伯雷小说《巨人传》中的人物，为勒赫尼国王。

4. 拉弗尔（Le Havre），法国西北港口小城，位于诺曼底大区。

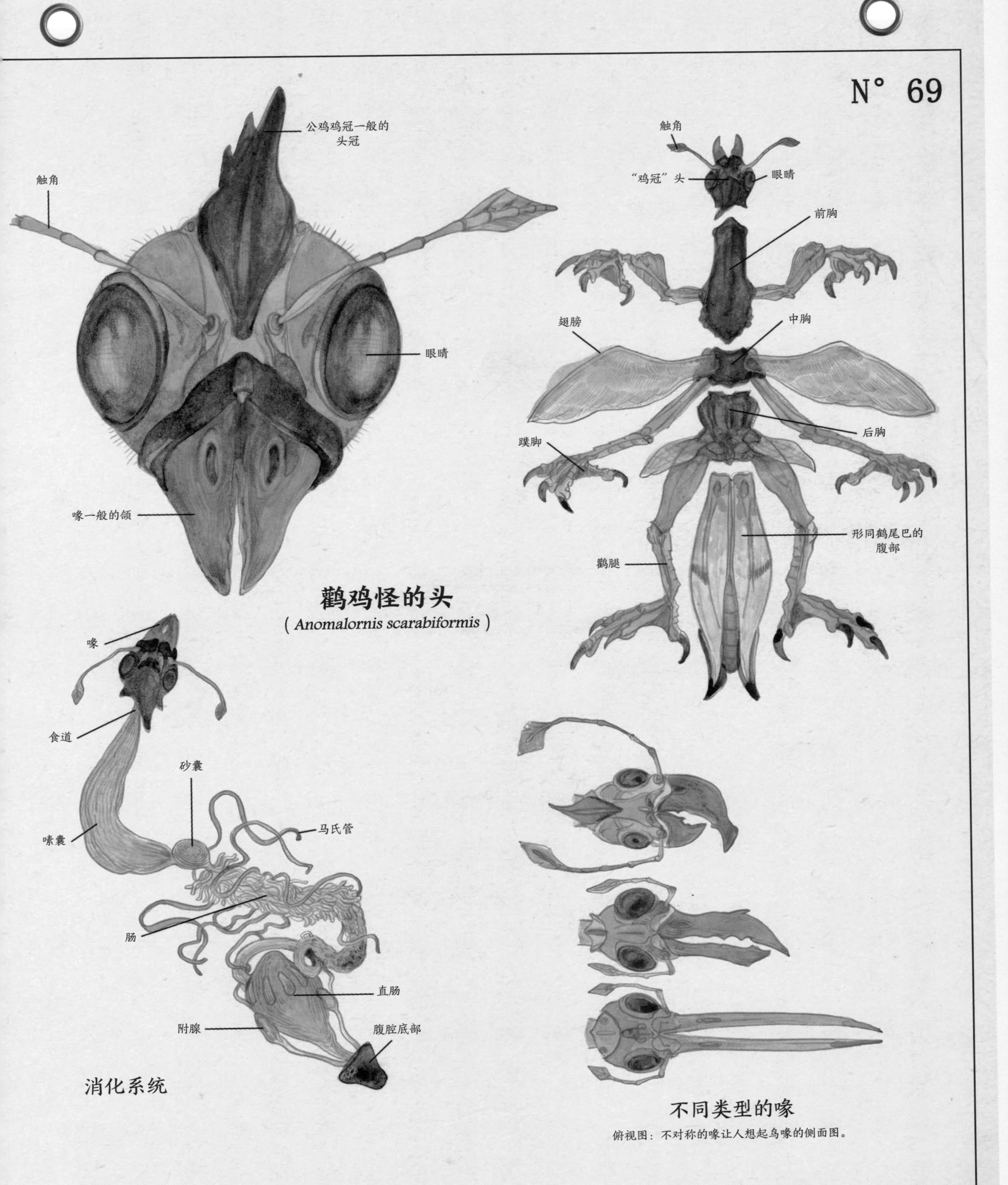

~ Établissements DEYROLLE, 46 rue du Bac, Paris 7e ~

Bêtes marines

—

海兽

Le Grand Serpent de mer

巨型海蛇

巨型海蛇的起源，可以追溯到《圣经》，其中提到的利维坦并不是一头鲸，而是一条蛇："到那日，耶和华必用他刚硬有力的大刀刑罚鳄鱼，就是那快行的蛇；刑罚鳄鱼，就是那曲行的蛇，并杀海中的大鱼。"(《以赛亚书》27 ： 1) 北欧神话中也有自己的海蛇。我们无法弄清楚这些传说中的怪兽与真正的海蛇之间的关系，水手们有时会遇到海蛇，他们惧怕它。但是，教廷中的人在这类巨型爬行动物的历史上扮演着重要的角色。

它喷出的火就像火炉中的火……它的身体庞大，叫声比十五头公牛一起嚎叫的声音还要响……

生活在6世纪的爱尔兰教士布伦丹，很长时间内，因为其曾经在大西洋上航行过而声名远扬。《圣徒布伦丹在人间天堂的旅行》，这本由一位无名的行吟诗人大约写于1120年的书，讲述了布伦丹与海蛇的一次相遇："朝他们游来一条海蛇，它以比风还快的速度追赶他们。它喷出的火就像火炉中的火……它的身体庞大，叫声比十五头公牛一起嚎叫的声音还要响……"这也许就是托马斯·德·康坦普雷[1]在1240年描写的动物，但看起来更加真实："它没有翅膀，有一条弯曲的尾巴，有一个与大大的身体不相称的小小的脑袋，但是嘴巴很大很可怕，表面长有鳞片而且皮非常硬。此外，本应长翅膀的地方它却长着鳍，所以它会游泳。"

1555年，乌普萨拉（Uppsala）的大主教奥罗·马努斯[2]第一个详细描述了这种动物的行为。在他的作品《北方人历史》中，他描绘了一条60多米长的蛇，它的生活方式类似两栖类动物："它可以去陆地上吃牛、羊羔以及猪，或者去海里吃鱿鱼、龙虾和鱼类。"它很少出现，一旦出现就被看作不祥的预兆，不仅是对水手而言。就像彗星出现的时候，人们认为王子会离世或者"战争即将爆发"。夜间，海蛇从位于挪威靠近卑尔根的海边洞穴里游出来，开始袭击海船，"抓住它发现的所有东西，并且把那些东西拽到身边。它像一根柱子一样立得直直的，好吃掉船上所有的人"。

卑尔根的主教埃里克·彭托比丹在其出版于1752年的《挪威博物志》一书中又重新开始研究这种怪兽："索艾奥门（le soe ormen），即巨型海蛇，是一种既可怕又神奇的海中怪兽。"关于它的生物特性他给出了一些信息："除了7月和8月的产卵季，它一直都潜伏在深水中。"他还提出，在其他没有见过怪兽的国家，它的存在也许值得怀疑，但在挪威，它是司空见惯的动物："当我们向挪威人询问这种怪兽时，他们觉得我们的问题太奇怪了，对他们而言谈论海蛇就好像我们谈论颌针鱼或者鳕鱼一样。"

1867年出版的《海洋怪兽》一书中，科普学家阿曼德·朗德兰介绍了许多海里的动物，从鲨鱼到鲸鱼，而且还用整整一章来讨论海蛇："尽管最近都没有人真正见过它，尽管博物馆中没有保存下它任何残片，我们依旧没有权利认定海蛇完全是想象的产物。"

1. 托马斯·德·康坦普雷（Thomas de Cantimpré，1201—1272），比利时神学家与圣徒传记作家。

2. 奥罗·马努斯（Olaus Magnus，1490—1557），瑞典的一位教士、作家。

N° 33

REPTILES (MÉGAHYDROPHIIDÉS)

—

爬行动物（巨型水生类）

当它把头伸出水面呼吸时，水手们经常可以看到它。远远看去，它脖子以及尾巴扭动的样子让人想起蛇。

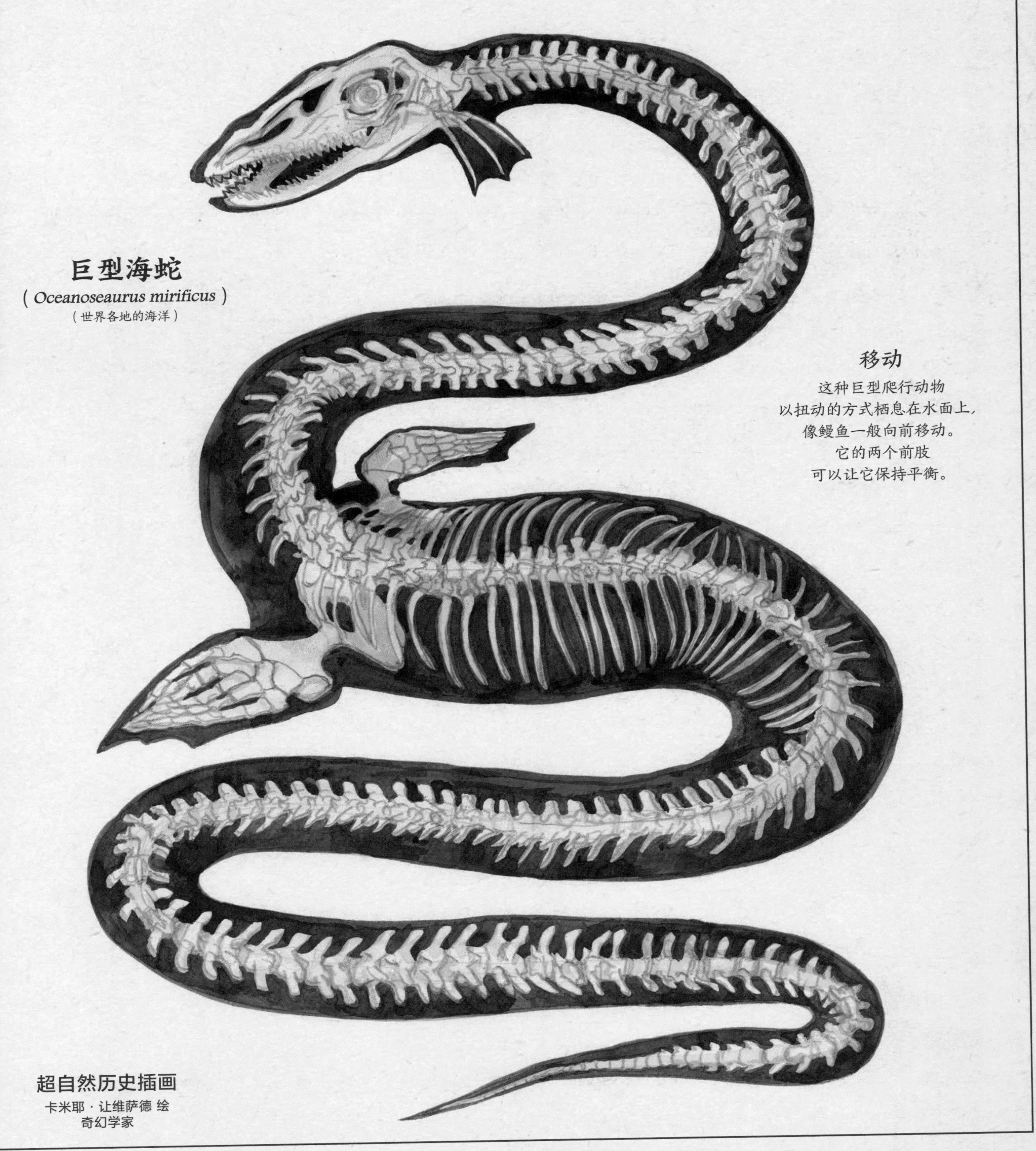

巨型海蛇

(*Oceanoseaurus mirificus*)

（世界各地的海洋）

移动

这种巨型爬行动物
以扭动的方式栖息在水面上，
像鳗鱼一般向前移动。
它的两个前肢
可以让它保持平衡。

超自然历史插画

卡米耶·让维萨德 绘

奇幻学家

Le Kraken
北海巨妖克拉肯

1752年，卑尔根的主教埃里克·彭托比丹，在他的《挪威博物志》一书中花了好几个章节描写海怪克拉肯，“毫无疑问这是世界上最庞大的海怪”。他又提到以前有人相信存在一种与岛屿一般大的动物，它一动就会引发狂风，把船卷入海底，不过主教还是尽量真实地描绘克拉肯：“很有可能，这个巨大的海洋动物属于章鱼类或者海星类动物，它无意中举起的身体器官，我们称为手臂，事实上是一些触手，它依靠这些触手进行移动、捕食。”研究者们很快就放弃了曼提柯尔蝎狮兽和狮鹫怪兽，但他们对巨怪克拉肯还是保持着谨慎的态度。他们中的有些人甚至相信了水手们讲述的故事：“在北方雾气弥漫的深夜，这些动物立于波浪之上，可怕的脑袋上长着长长的触须，就像一棵拔出来的大松树的树根。”

皮埃尔·德尼·德·蒙弗在出版于1802年的《软体动物志及别志》一书中，第一次系统地探讨了克拉肯是否存在的问题。他认为存在“可能会让我们遭遇海难的双重危险”，但是，关于第一重危险，他叙述的事情太过离奇，我们很可能不愿相信，关于第二重危险，他的作品可能不完整，因为“他把那些已经被引用、被提及，甚至是被博物学家承认的事情故意隐藏在晦涩而沉默的阴影里”。他搜集了一些证据，但是基本没有什么说服力。德国科普学家齐梅曼（1857年）认为：“当作者开始参考美国水手们讲述的故事时，他描写的珊瑚虫就有了奇幻色彩……其中有一个动物可以一下子把十二只船拖到海底。我们只能推测它把这些船都吃掉了，完全没有消化不良。如今，这种可怕的动物，克拉肯，只剩下唯一的一只，它无法繁衍却长生不死，同著名的海蛇一样它也变小了——变成鸭子一般大小，这倒很容易成为各种报纸、期刊的题材。根据一位船长的叙述，他穿越大洋时没有发生任何有趣的事情。”但是，同一年，丹麦的动物学家雅培图·斯汀斯特鲁[1]描写了一种巨大的鸟，某些部位有点像体形很大的枪乌贼。他给这种动物取了一个学名，“曾经的枪乌贼之王”（Architeuthis dux），相当于一张出生证明。1861年11月2日，一艘法国海军通信艇“阿莱克通号”（l' Alecton），在特内里费岛外海遇到“一只可怕的章鱼正在海面游行。那只动物有五六米长，还不包括它八只巨大的手臂，浑身都是气孔，头部整整一圈都是。它的颜色是砖红色，眼睛与脑袋齐平，间距很大，目光很可怕”。这种章鱼的重量大约有2吨。19世纪70年代，有几只动物的残骸漂流至纽芬兰岛的海滩上，马上就被拍下照片并且被收集起来，从而证明了这类动物的存在。2012年，动物学家认为自从16世纪以来，人们曾见过677只枪乌贼，数字大约是这个量级。最大的一只长达18米，但是我们在抹香鲸的胃里发现的身体组织有理由让我们相信还存在更大的动物，长25米或者30米，甚至50米！也是在2012年，第一次在海洋深处拍摄到这种动物的存在迹象。好几十个巨大的枪乌贼被制成标本，在博物馆里被展出。但奇怪的是，自从这种动物变成真实存在的样子后，它就再也没有袭击过海船了。

这些动物立于波浪之上，可怕的脑袋上长着长长的触须，就像一棵拔出来的大松树的树根。

1. 雅培图·斯汀斯特鲁（Japetus Steenstrup，1813—1897），丹麦动物学家。

LE KRAKEN (CÉPHALOPODE GÉANT)

N° 88

—

克拉肯（巨型头足纲）

克拉肯是一种巨大的头足纲动物，它能用自己的十个触手压坏最厉害的海船，并将船吞到肚子里去。
最小的北海巨妖克拉肯也有两辆小汽车那么长。

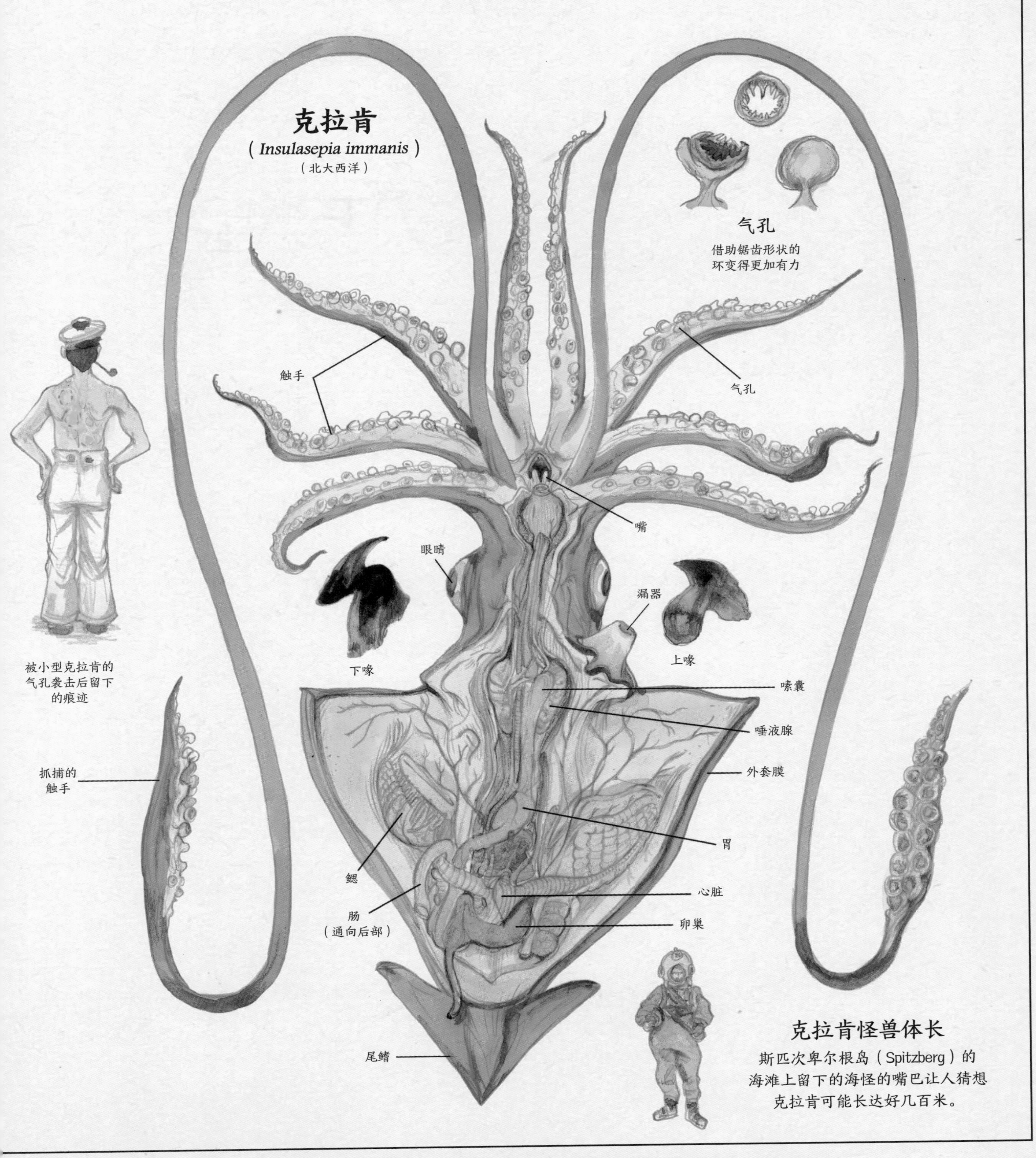

克拉肯怪兽体长

斯匹次卑尔根岛（Spitzberg）的
海滩上留下的海怪的嘴巴让人猜想
克拉肯可能长达好几百米。

Musée scolaire – MONSTRARIUM – Établissements DEYROLLE, 46 rue du Bac, Paris 7e

Le Cète
巨鱼刻托

“巨鱼刻托是人类见过的最大的鱼，雌性的刻托被叫作巴莱纳[1]。”阿勒贝·勒·格朗[2]生活的时代，即13世纪时期，一切在水里游的动物都被叫作鱼，鲸类还不怎么为人所知。作者还明确说刻托不用鳃呼吸，而是用呼吸道呼吸，就像海豚那样。他把皮肤光滑的鱼与长毛的鱼区分开来。他认为“它们的眼睛长得极高，大概由角质构成，样子就像睫毛，长8英尺，根据鱼的大小可能会有长短变化。每个眼睛的上方有250的字样，就像是割麦的镰刀”。这段描述让人想到两边被磨损的鲸须，但是事实上鲸须都长在嘴边。

据说只是一次交尾，刻托就不能再继续同雌性巨鱼进行交配，它变得虚弱无力，最后沉入海底，在那里它又变得强壮，就像一座岛屿那么大。

阿勒贝·勒·格朗还明确提到这些鱼的眼眶非常大，装得下15至20个人！因此它们不可能是我们之前抓到的普通鲸鱼，因为普通鲸鱼的眼睛很小，而很可能是普林尼描述过的那种鱼，它们的身体可以占据10 000平方米的面积，体长可能有200多米。阿勒贝·勒·格朗对如此庞大的体形做了解释：“据说只是一次交尾，刻托就不能再继续同雌性巨鱼进行交配，它变得虚弱无力，最后沉入海底，在那里它又变得强壮，就像一座岛屿那么大。”他还明确指出他对这个故事表示怀疑，“见过巨鱼的水手们没有任何一个人可以向我们证实这一点”。

这种怀疑并不普遍。在他那个时代，大部分动物志作家都会把这一类巨型动物描绘成浮动的岛屿。所以，皮埃尔·德·博维撰写的《动物志》中有一页就描写了一种被他叫作科维（Covie）的海洋动物：“那鱼很大，同鲸鱼很像。”它的表面覆满了沙子，就像是我们在海边找到它时的样子。水手们把这个动物当作一座岛屿，在它的背上登陆，把木桩打在上面，系住他们的船，然后他们去捡树枝、生火、煮饭吃。于是，“当动物感觉到热气时，它就沉入大海最深处，连带着船只与它一起……就这样，不信教的教徒，没有辨认出魔鬼信徒的人，把希望寄托在魔鬼身上的人，将自己系于船只就像把船只系于野兽一样的人，把自己系于事物的人，他们都失去了性命；他们将坠入永恒的地狱之火中”。

16世纪的博物学家们，如纪尧姆·隆德莱或者皮埃尔·博隆，创作的作品比中世纪时期古老的作品《动物志》更胜一筹。他们呈现给读者动物真实的样子，连插图都十分逼真。但是，他们也没有彻底抛开过去的怪兽，在作品最后不重要的位置总是会留给那些动物。于是，在鳐鱼、鲨鱼、海豚、鳁鲸之后，在以必要且细致的动物学方法描写了它们的头颅、胚胎之后，康拉德·格斯纳又用好几页纸描写了美人鱼、特里通以及海中的马。巨鱼已经不再属于这一类神秘动物，而是属于真实世界中的海豚与其他鲸类动物。

1. 刻托（Cète），拉丁语cetus，一种传奇的海洋动物，模样与鲸鱼相似，以体形庞大著称，一度被认为是世界上最庞大的动物。这种动物的雌性名字为baleine，即“鲸鱼”。在希腊神话中，有一种叫作刻托（Céto）的巨鱼，而Cétus则是海神蓬托斯和地母盖亚结合生下的孩子，被认为是危险的海神。

2. 阿勒贝·勒·格朗（Albert le Grand，约1200—1280），多明我会修士，哲学家、神学家、博物学家、化学家。

POISSONS GÉANTS (CÉTAÇOÏDES)

N° 157

巨鱼（鲸目）

巨鱼刻托是形同浮岛的巨型动物。长久以来人们以为它们与鲸鱼相似，但是海洋学家已经证明其实它们属于巨鱼类。

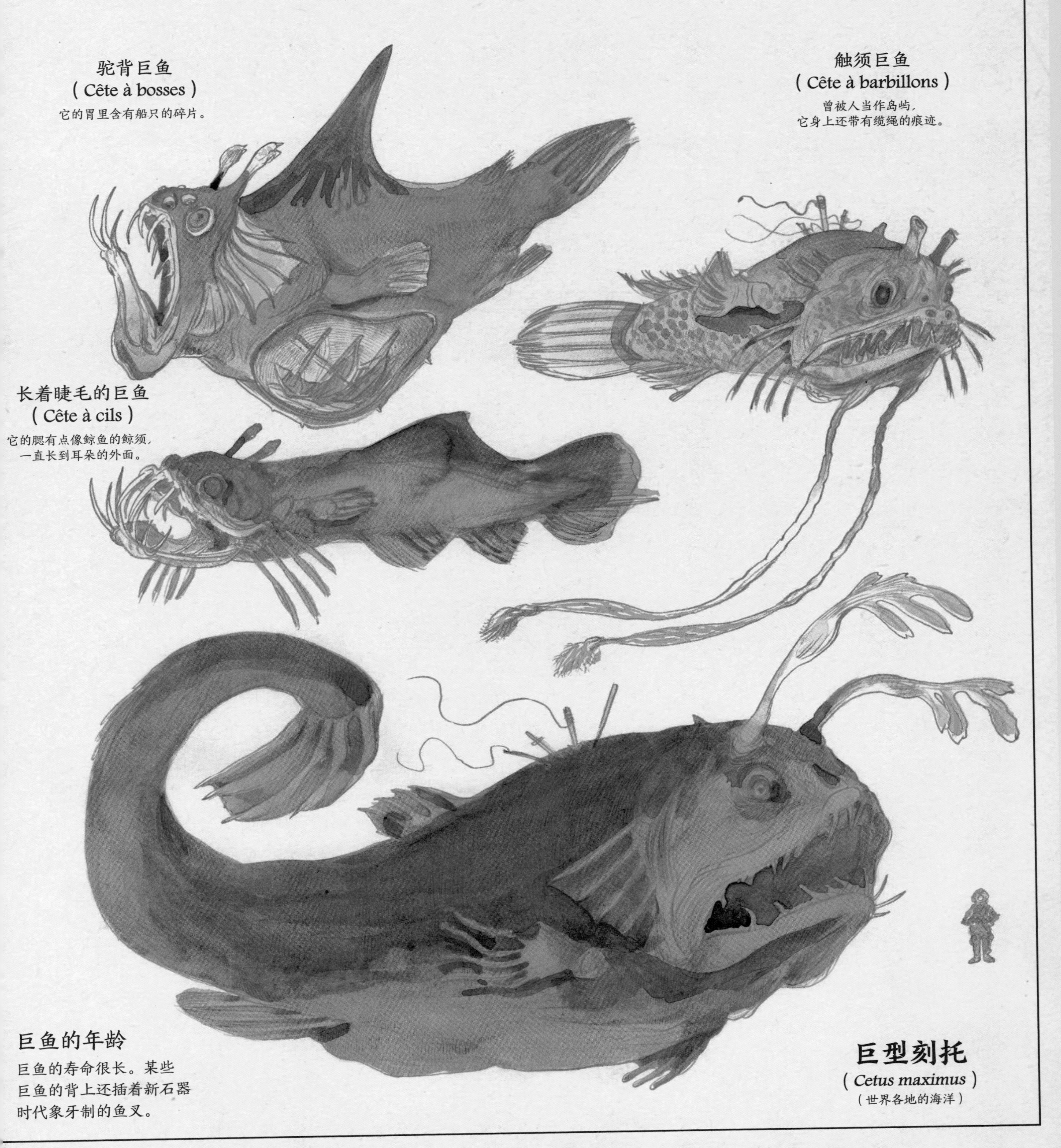

巨鱼的年龄

巨鱼的寿命很长。某些巨鱼的背上还插着新石器时代象牙制的鱼叉。

Musée scolaire ~ MONSTRARIUM ~ Établissements DEYROLLE, 46 rue du Bac, Paris 7e

Le Monstre du loch Ness
尼斯湖水怪

19世纪时，对海洋中蛇与龙的研究依托了一门新兴科学的发展，即古生物学。中生代时期巨型海洋爬行动物的发现事实上确认了水手们在外海看见的模糊的影子的真实模样以及名字。各个大陆发现的巨型骸骨唤醒了民众对恐龙以及其他史前巨型动物的兴趣。这些动物生活在遥远的过去，但是还没有证据证明它们已经全部灭绝了。也许它们依旧还隐藏在尚未开发的丛林中或者海洋的最深处。

在海洋中，人们不再寻找海蛇，而是寻找中生代存活下来的沧龙、上龙或者蛇颈龙。根据这些爬行动物的化石，爱好者们对水手们提供的不知名的巨型动物的证词、证物进行分类。除了传统的长蛇之外还出现了身体巨大脖子细长的动物。1933年，“尼斯湖水怪”一词第一次出现，它的样子，就像我们描述的那样，恰恰让人想到蛇颈龙而不是蛇。专家们认为这种出现在苏格兰大湖的动物可追溯到6世纪：一位爱尔兰僧人让一个威胁他同伴的“海兽”逃走了。虽然这个故事让这种动物在历史上留下了名字，但必须弄清楚那只动物后来的去向。事实上，一千多年过去了，似乎没有谁再见过它！

不过我们可以想象一下，这头怪兽有时大概会游到海里去。1808年6月，唐纳德·麦克莱恩牧师在赫布里底群岛乘船游玩时看到了一种样子极其独特的动物：“它的头非常大，呈椭圆形，支撑脑袋的脖子比身体其余部分都要细。它的‘肩膀’，如果我可以这么说的话，没有任何鳍，身体越接近尾部就变得越细，很难看清楚尾巴的形状，因为它的尾巴一直都放得很低。”如果“肩膀”这个概念没法用到蛇的身上，我们可以在蛇颈龙身上看到它的存在，它的四个鳍显然可以完全浸入水中，就像所有的海洋动物一样。同时，我们还可以引用一个反证，一份“当着巴克雷医生、国家治安法官以及诸位学者的面”所撰写的证词，一条长17米、身体周长5米的“可怕的蛇”在奥克尼群岛的海滩搁浅，离赫布里底群岛不远。所以，这样的身体大小更符合蛇颈龙而不是蛇，尤其是它还长着“1.5米长的鳍，就像是鹅被拔光羽毛的翅膀”。

它长着“1.5米长的鳍，就像是鹅被拔光羽毛的翅膀”。

1933年以来，一次次有人目睹怪兽，但是每次拍到的照片总是令人失望。第一张照片摄于1934年，但是看上去拍到的更像一只模糊的鸭子，而不是蛇颈龙。数不清的探险者运用声波定位仪以及潜水艇探测，最后也只是带回来一些不确定的回声、模糊的海底声波以及看不清的影子，并无其他。

MAMMIFÈRES (PSEUDOPINNIPÈDES)

—

哺乳动物（伪鳍足类）

尼斯湖水怪，别称“尼西”（Nessy），是一种与海豹、海狗相似的湖泊哺乳动物。
所有的伪鳍足类动物都生活在北半球的大湖中。

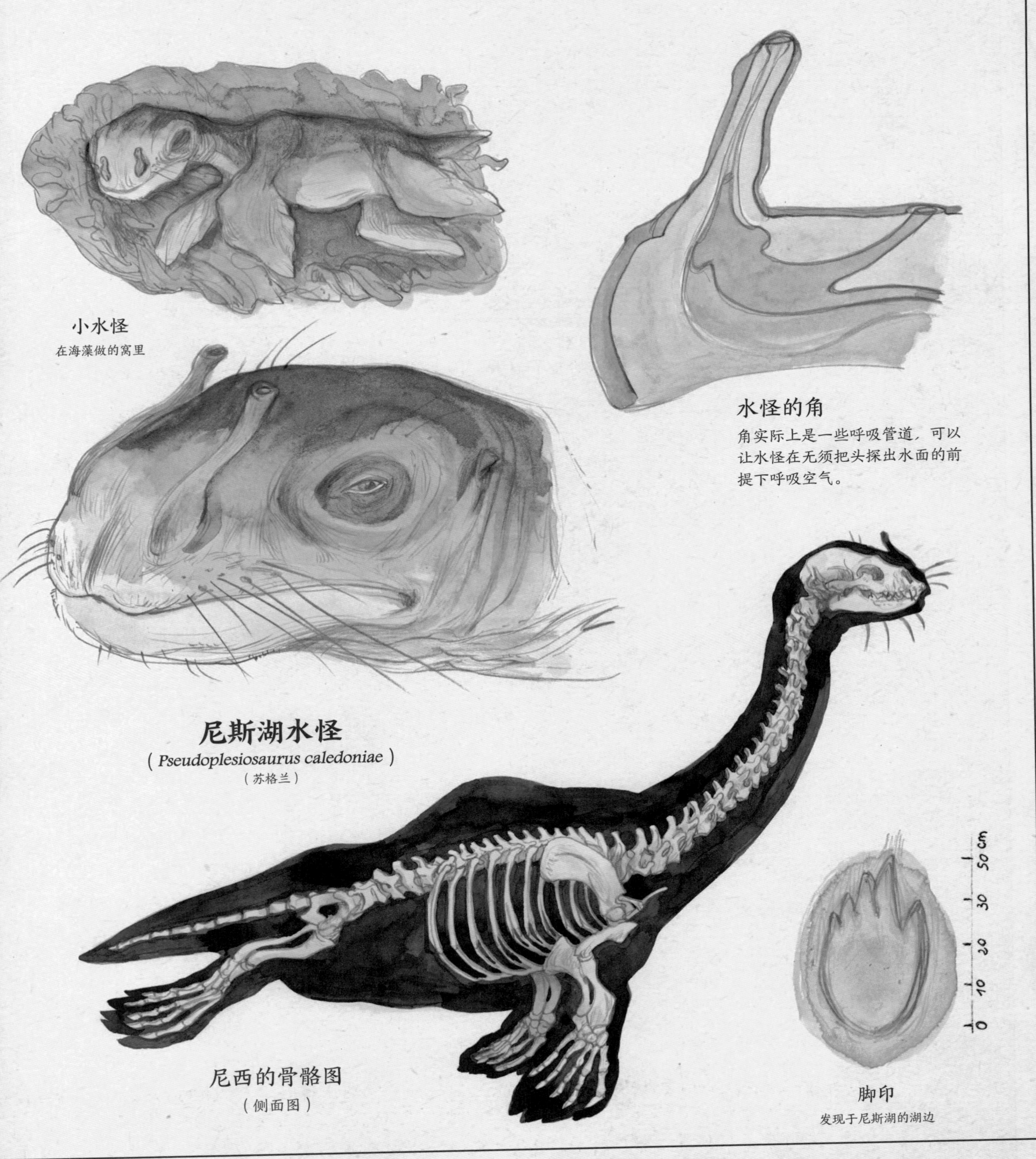

小水怪

在海藻做的窝里

水怪的角

角实际上是一些呼吸管道，可以让水怪在无须把头探出水面的前提下呼吸空气。

尼斯湖水怪

（*Pseudoplesiosaurus caledoniae*）

（苏格兰）

尼西的骨骼图

（侧面图）

脚印

发现于尼斯湖的湖边

La Serre
燕鳐

中世纪的动物中，有些动物的属类并不清楚。这正是燕鳐的情况，有人认为这是“一种长着锯齿般脑袋的鱼，它可以用脑袋劈开船只”，也有人认为这是“一种极为庞大、强壮的鸟，它比鹤飞得还要快，它的翅膀则像刀锋一般尖利”。还有其他的观点并没有明确指出它的类别，只是说它是“一种长着巨翅的海洋动物”“一种生活在大海里的有翅膀的动物”或者“一种长着巨大的鳍、锯齿一般的动物”。

似乎，从古时以来，作家们就混淆了燕鳐与锯鳐这两种鱼。就后者而言，它的工具是放在自己的背上还是放在鼻尖上，人们也有疑问。燕鳐这种鱼有时也被描述成背上带着锯齿。这一特点对于我们讲述这种动物的历史并不很重要。真正的疑问是，所说的东西究竟是它的翅膀还是鳍，这两种器官并不能清晰地彼此区分，而且古希腊语中用同一个词根pter-来表示翅膀、羽毛和鳍。事实上，无论它是鱼还是鸟，燕鳐都拥有巨大的翅——鳍。

它会打开巨大的翅膀，飞向大海，开始与海船搏击，就像是要和海船一决高下。

皮埃尔·德·博维在他撰写的《动物志》中解释说，当燕鳐看到船时，“它会打开巨大的翅膀，飞向大海，开始与海船搏击，就像是要和海船一决高下，想要迅速战胜它”。但很快，它就喘不过气来，只能任自己被拉开距离。它放弃了比赛，收拢自己的翅膀，潜入大海深处。故事隐含着一种道理：“想同船比赛的巨翅鳐鱼象征着开局良好但最终因为许多短处而被打败的人。”

从动物学的角度来看，燕鳐看起来像一只极其庞大的飞鱼。真实的飞鱼胸鳍都很长很宽，当它被食肉动物追赶时，它会在水里提升速度，然后借助空气利用鳍来滑翔。海洋世界与天空世界之间的转变是一种重要的主题，无数的作家都认为每一种海洋动物都对应着一种相似的陆地动物。并且皮埃尔·德·博维最后总结时认为，燕鳐是“一种像是在陆地上被创造的海鸟”。

伯努瓦·德·马耶在1748年出版的《特里亚麦德》[1]这本书中提出了更加具有创建性的观点。他认定“生命始于大海，每一种陆地动物都是从海洋动物进化而来”。就飞鱼这种情况，“谁能怀疑正是从会飞的鱼类中产生了可以在空中飞翔的鸟儿呢”？他认为，通常鱼类在河边上岸时才停止飞翔。然后，它们会试图再次起飞，但是大部分都死去了。然而有几只幸存下来，繁衍不息，最终产生了一种新的动物，能够适应天空的动物。“哪怕有数不清的飞鱼因为无法适应而死去，只要有两只能够做到就可以让种族延续下去。”这是自然选择论的最早版本！这种生物进化论的观点与《圣经》中的教义完全是相反的，尤其是伯努瓦·德·马耶还把他的这些观点用于人类。如果飞鱼是鸟的祖先，那为什么人不是从海洋中进化而来的呢？

1.《特里亚麦德》(*Telliamed*)，该书名实际由de Maillet这个姓逆向排列字母而得，完整的书名为《一位印度哲学家与一位法国传教士的对话录》(*Telliamed, ou Entretiens d'un philosophe indien avec un missionnaire français*)。

POISSONS (VOLANTS)

N° 72

—

鱼（飞鱼类）

燕鳐是一种可以在帆船上方飞翔的巨大的鱼。它冲出水面，长长的鳍像扇子一样打开，借此滑翔。

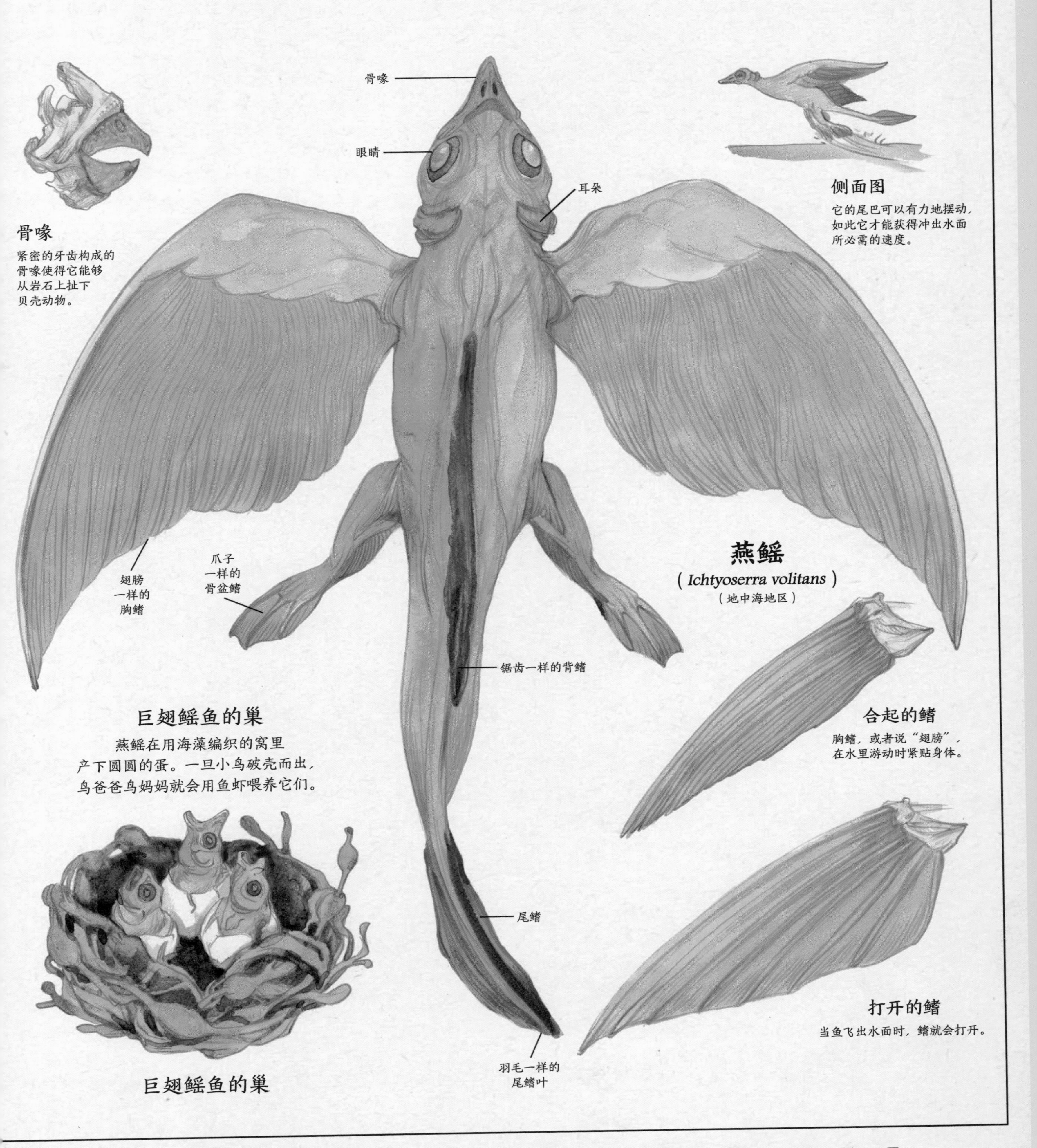

Cabinet des Merveilles ~ MIRABILIAE ~ Établissements DEYROLLE, 46 rue du Bac, Paris 7e

La Scie
锯鳐

很长一段时间以来，博物学家都把锯鳐描述成一种巨型海洋动物，它的头上长着一根布满锯齿的刀片，就像一把锯子。普林尼认为它体长90米！一般都认为它平时会像鲸鱼那样喷水，这着实奇怪，因为锯鳐事实上应该属于鲨鱼类，而不是海豚类。15世纪时，昂布鲁瓦兹·帕雷根据一种在几内亚被喊作吕特利弗（l' utélif）的鱼很准确地描写了人们想象中它的角的模样。这个扁扁的额角长3英尺，两端呈圆形，从一端到另一端长着两排尖尖的锯齿。它也是奇物陈列馆收集的一种物品。有人认为这是巨蛇的舌头，也有人认为这是独角兽的角，“它可应对有毒动物的伤害与叮咬”。虽然这个身体结构本身并不让人陌生，却一直很难确定鱼的类别，尤其是人们也把它唤作威维勒（vivelle）、艾培（épée）或者埃斯帕登（espadon）[1]，这就把它和另一种箭鱼混淆起来，如今我们把它唤作埃斯帕登的箭鱼。

根据水手们的叙述，博物学家仔细研究了这种动物的行为。约翰·安德森在其1754年出版的《爱尔兰博物志》一书中惊奇地发现，遇到锯鳐时，鲸鱼“虽然体形庞大，却会害怕地颤抖，一旦发现锯鳐，它们就会以一种极其特别的方式跳跃着四处逃散”。博物学家拉瑟佩德称：“锯鳐甚至敢同一条真正的鲸鱼较量；这也证明了它又长又硬的额角赋予它极大的力量，它的勇气最终会变成一种不可平息的怒气……锯鳐用力积攒力量，一跃而起，冲出水面，落在鲸鱼身上，把额剑刺入鲸鱼的背中……通常锯鳐额角上的锯齿会深深刺入鲸鱼身体内，鲸鱼会因失血过多而死，最后只是垂死地拍打几下，它的敌人则可以迅速地避开它可怕的尾巴。”

有人认为这是巨蛇的舌头，也有人认为这是独角兽的角。

这个故事非常令人惊讶，因为这种动物居然生活在海底深处，以鱼为食！锯鳐怎么可能袭击鲸鱼呢，哪怕是体形很小的鲸鱼？故事的后续提供了新的信息：“锯鳐喜欢吃鲸鱼的舌头，一般会把巨鲸尸体的其余部分丢弃给水手”，但一般只有逆戟鲸才会有类似的行为。事实上，锯子一样的武器相当于雄性逆戟鲸的背鳍，又高又细，很可能就是锯鳐的额角。这样我们就能同时理解鲸鱼为何逃跑以及“锯”鱼又为何会集体进攻，这与逆戟鲸群体的行为方式非常一致。

另外一只锯鳐曾经在圣·罗朗海湾攻击渔船。它的锯齿长在背上，它从船下游过时，切断了船舱。这条鱼被叫作锯鱼，也许是因为它同锯子很像！水手们认为，锯齿这种工具是一种可怕的武器，但是那些没有直面过怪兽的人认为，“额剑的样子就像是两端长着细刺的长梳子，或者更确切地说，是园丁以及农民使用的钉耙，所以好多博物学家也把锯鳐称作‘钉耙鱼’或者‘带钉耙的鱼’”。

1. 这三种名称的鱼统称为“箭鱼”或者“剑鱼”。

POISSONS (ERGALIFORMES)

N° 83

—

鱼（锯齿类）

锯鳐是一种与巨齿鲨相似的巨型海鱼。人们曾经认为它能割断船身，但现在它已经变成一种稀有动物。

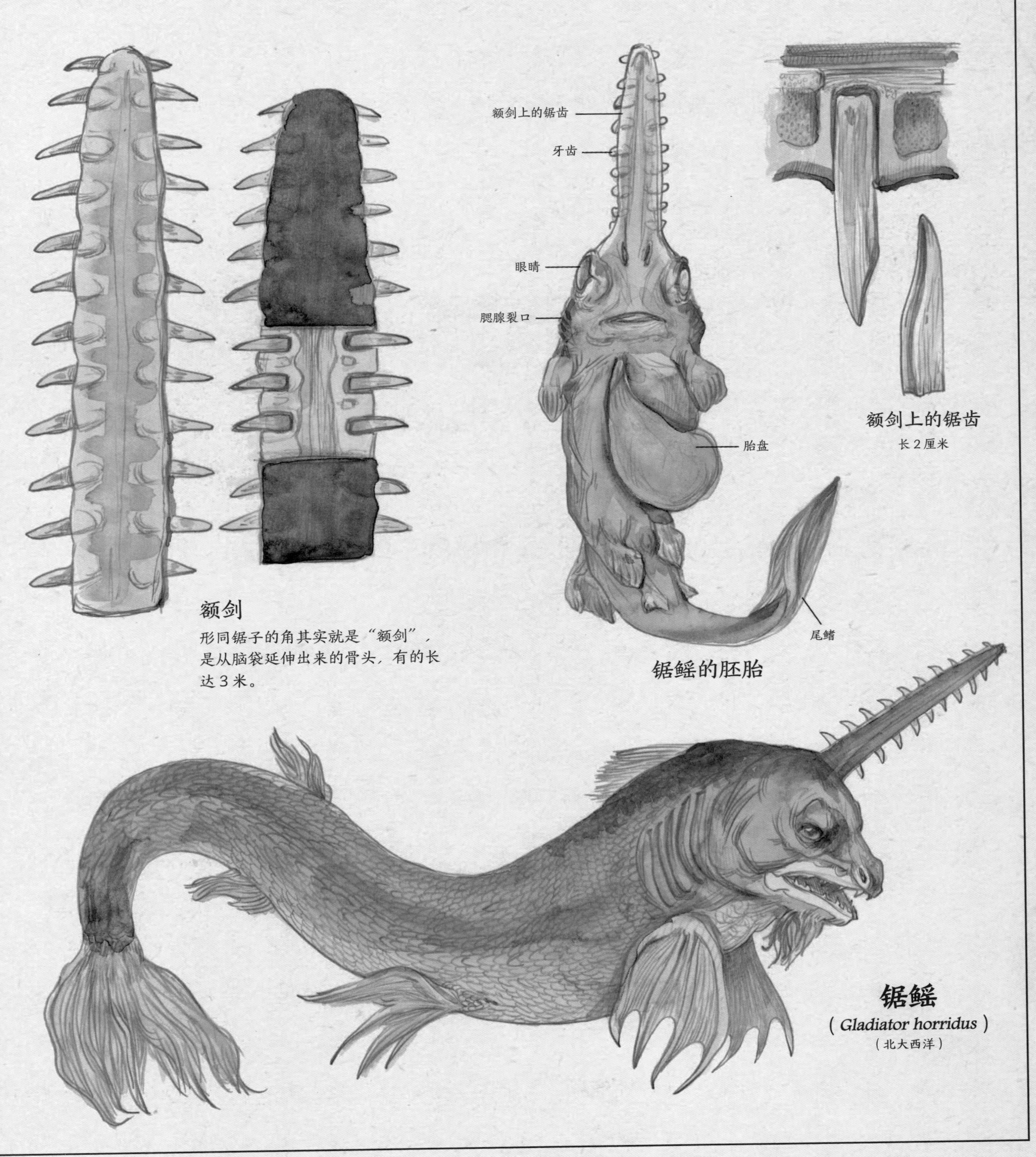

额剑

形同锯子的角其实就是"额剑"，是从脑袋延伸出来的骨头，有的长达3米。

锯鳐的胚胎

锯鳐

(*Gladiator horridus*)

（北大西洋）

Le Crabe géant
巨蟹

“仔细考察过骑士们胡编的那些沉重的铁甲动物之后，应该马上去自然历史博物馆看看甲壳类动物的壳，我们就会明白人类的艺术创造是多么苍白。”朱利·米什莱[1]对螃蟹一身的装束既害怕又赞叹，“强有力的螯，尖尖的长腿，可以刺破铁的上颚，长满小刺的甲壳，只要碰到就可以扎你好多次。大家都认为是大自然的恩赐造就了它这副强大的模样。又有谁能与它抗争呢？”但是温带地区的甲壳动物的体长很少会超过50厘米，而且大部分时候它们都会避开人类的视线。阿勒贝·勒·格朗确定“在西边的大洋中，生活着极其可怕的螃蟹，它们可以用爪子抓住人并且吃掉他们”。

强有力的螯、尖尖的长腿，可以扎破铁的上颚，长满小刺的甲壳，只要碰到你就可以扎你好多次。

也许正是这种螃蟹激发安托瓦·德·圣-热尔韦[2]在1813年讲述了马里永船长的悲惨命运：“当他从舰艇上走下来时，他的脚刚刚踏上河岸，一只极其庞大的螃蟹忽然从海里爬出来，它朝船长扑过去，用自己的螯把船长的身体切成两段，将他吃掉，他完全来不及呼救。”除了这种说法，马里永船长似乎早就被历史学家遗忘了，但是作者又继续讲述了另一个法国航海家德拉克船长的故事，他也被巨蟹吃掉了。这个故事似乎与荷兰的地理学家科尼利厄斯·德·波夫在40年前写的故事很相似，也是关于著名的航海家弗朗西斯·德瑞克的死亡故事，事情发生在1605年：“这位航海家在美洲的克拉伯岛[3]登陆，不一会儿他便被那些动物团团围住；虽然他全副武装，虽然他抵抗了很久，最后还是被吃掉了。那些可怕的甲壳动物，是我们见过的世界上最大的甲壳动物，它们用自己的钳子切断了他的双腿、双手和脑袋，吃到最后只剩下骨头。”事实上，弗朗西斯·德瑞克于1596年死于痢疾，终年55岁，当时他正在巴拿马的外海同西班牙舰队交战。这个让英国人觉得很可笑的故事似乎是从1756年开始流传的。这还得归因于路易·阿尔诺·德·诺贝勒维勒[4]医生，他本人又将其归咎于让-米歇尔·菲尔医生，这是自然奇物学院的一位德国医生，而这位医生其实是在植物学家夏勒·德·雷克鲁斯[5]的一部作品中看到了这个故事。这一切纯属虚构。其实，如果这位植物学家在其作品中真的提到了弗朗西斯·德瑞克，也是为了感谢弗朗西斯·德瑞克的慷慨——每次远航回来后弗朗西斯·德瑞克都会为他带回外国植物的种子。他同时也提到了螃蟹，其实是椰子树上的螃蟹。只是因为在马鲁古群岛上这些螃蟹多得数都数不清，后来，也就是1579年，航海家便把这座岛叫作“螃蟹岛”。那里的螃蟹数量繁多，美味可口，但是并不比其他地方的大。

日本的蜘蛛蟹、甘氏巨螯蟹，似乎是目前已知的最大的螃蟹，而且也是世界上最大的节肢动物，全部展开后，即所有的爪子都伸直后（这并不是它平时的状态），大约长3.8米。螃蟹与爬行动物不同，爬行动物必须在水面上才能呼吸，所以就时常会暴露在人类的目光下，螃蟹可以一直潜伏在海底。如此，完全可以想象，也有其他更加庞大的动物在黑暗的海底深处慢慢地游来游去。

1. 朱利·米什莱（Jules Michelet，1798—1874），法国历史学家。
2. 安托瓦·德·圣-热尔韦（Antoine de Saint-Gervais，1776—1836），法国作家，擅长写给青少年看的航海与历史故事。
3. 若直译，则为“螃蟹岛”。
4. 路易·阿尔诺·德·诺贝勒维勒（Louis Daniel Arnault de Nobleville，1701—1778），法国医生、博物学家。
5. 夏勒·德·雷克鲁斯（Charles de L'Écluse，1526—1609），荷兰医生、植物学家。他在莱登建立的植物园是欧洲最早的植物园之一。他被认为是世界上第一位真菌学家，同时也是园艺学的创建者，第一个对植物进行科学描述的人。

CRUSTACÉS (MACRODÉCAPODES)

N° 85

甲壳类动物（巨型十足目）

巨型十足目的巨型螃蟹与巨型龙虾是潜水员最害怕的动物。它们强有力的大螯与爪子可以折弯潜水员的铜制头盔。

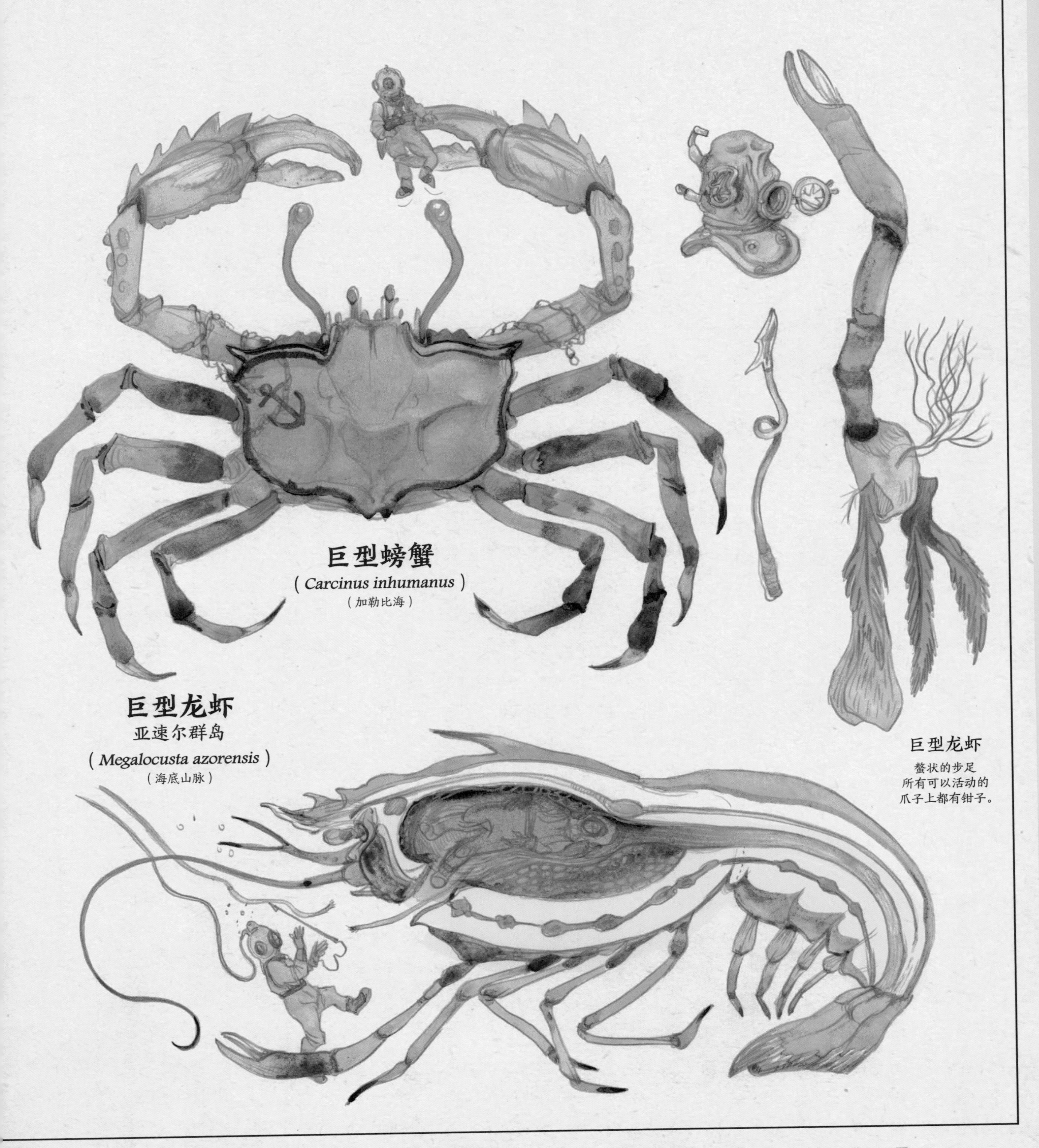

巨型螃蟹
(*Carcinus inhumanus*)
（加勒比海）

巨型龙虾
亚速尔群岛
(*Megalocusta azorensis*)
（海底山脉）

巨型龙虾
螯状的步足
所有可以活动的
爪子上都有钳子。

Le Cheval de mer
海马兽

纪尧姆·隆德莱认为，海马兽不过是一种普通而迷你的海马。我们并不清楚这种小鱼的名字是来自“康培”（kampè）——意为弧形，因为它会把自己的尾巴卷在海藻上，或者是来自“抗培”（kámpè）——意为毛毛虫，因为它体形很小。它名字的另一半，来自希腊语“依波斯”（hippos），毫无疑问因为它的脖子特别像马的脖子，它的脑袋与它的脖子（即使是鱼，也不能说它有脖子，而且它也没有肩膀、手臂）仿佛是成直角形状的。我们并不清楚海马怎么会成为真正的海马兽的原型，这些力气很大的动物可以对抗海洋的波涛巨浪，还可以拉动海神尼普顿的马车。

文艺复兴时期博物学纲要中，海马兽是同河马相近的动物，源自希腊语“依波斯”（hippos）和“波塔莫斯”（potamos），即“河里的马”。有时这就会引起一些混淆。因此，非洲人雷昂[1]以海马兽为名字描写的动物其实是河马：“这种动物生活在尼罗河与尼日尔河中，有驴子那么大，样子像马；但是它的外皮上没有一点毛，非常坚硬。它可以在水里生活也可以在陆地上生活。”皮埃尔·博隆认为，将河马与鲸鱼联系起来是很自然的事情，因为它们“都极其庞大而且可以直接产下后代”。但是，这位博物学家对海马兽并不感兴趣。相反，他很讨厌古代作家编造的这种动物。他认为，这种幻想源自大家讲述的关于骑着海豚回来的海难者的故事，海豚将他们安全带回了海边：“王子们（为了让这些动物无论是在海上还是陆地上都显得高大而强壮）根据自己的偏好编造了某种一半是马一半是海豚的动物，他们认为它是水陆两地最厉害的动物。”

它的蹄子分成两瓣，像牛一样，既可以生活在陆地上也可以生活在海里。它的尾巴就像其他鱼儿一样叉开。它能长成牛那么大。

昂布鲁瓦兹·帕雷对大家给他讲述的奇兽故事并没有表现出同样的疑虑。如果过于怀疑，那很可能意味着不相信上帝的造物。所以他毫不犹豫地描写了一只海中怪兽，它长着“马一样的脑袋、鬃毛以及前半身，正是在大海中为人所见”。在一本专门描写“怪兽与奇物”的著作中，他把这种动物看作海洋中的主教与恶魔。他所描写的海马兽是一种巨型动物，它身体的前半部分与它陆地上的表亲很相似，除了蹄脚被鳍取而代之。身体的后半部分则是鱼或者海豚的模样，弯弯曲曲如蛇。它的尾巴是一簇，一半是鳍，一半是鬃毛。这是古代硬币上以及中世纪时期的《动物志》中典型的海马兽的模样。

如果在地中海地区海马兽并没有被证实存在，也许在北部它的确存在，在那些冰冷的海水中生存着那么多的怪兽，海中巨蛇、北海巨妖克拉肯。奥罗·马努斯认为，“海马兽通常在英国与挪威之间的海域能见到。它的脑袋长得像马，而且会像马一样嘶鸣。它的蹄子分成两瓣，像牛一样，既可以生活在陆地上也可以生活在海里。它的尾巴就像其他鱼儿一样叉开。它能长成牛那么大”。但是很难正式确认这种动物的存在，原因也许就像作者所说的那样，“人们很少能抓到它们”。

1. 雷昂（Léon l' Africain，约1486—1535），北非的一位外交官与探险家，这不是他的原名。

N° 68

MAMMIFÈRES MARINS

–

海洋哺乳动物

海马兽是一种水生马科哺乳动物。它的俗名由古时博物学家所定，但是他们从未从近处见过它。它的脑袋其实更像是獾伽狓或者羚羊的脑袋。

鱼尾巴一样的尾巴

尾鳍，或者说尾巴，有很多骨质区，就像是鱼尾巴那样。这可以让它在水下自由行动。

脊椎骨

移动

有时，海马兽会被人叫作“海中蛇”，但它是一种名副其实的哺乳动物：它像水獭或者海豚那样上下扭动身体往前移动，而不像蛇那样左右扭动身体。

海马兽

（*Hydraequus victoriae*）

（世界各地的海洋）

脑袋（侧面图）

Cabinet des Merveilles ~ MIRABILIAE ~ Établissements DEYROLLE, 46 rue du Bac, Paris 7e

Les Monstres marins
其他海兽

文艺复兴时期，博物学家再次发现现场考察才是认识真实世界首要的信息来源。他们对动物的描写都很严谨，插图也足够准确，所以我们可以毫无困难地辨别出图中的动物，这在中世纪时期是很少见的。但是，其中有一些博物学家还是依托航海家讲述的传奇故事，在自己的著作中加入了一些不太真实的动物、虚构的鸟类或者是可怕的鱼类。

奥罗·马努斯便如此描绘了一种奇特的动物，“1537年，在日耳曼海域抓到了一种动物，它身体的每个部分都很恐怖，它的脑袋像猪，脑后还有一个月亮形状的区域，四只脚就像龙的爪子，眼睛长在胯上，每边都有一个，还有一个长在肚子上，从肚脐眼上凸出来”。以这样一个描述为基础，博物学家康拉德·格斯纳认为它的样子一半像猪一半像鬣狗，并且创造出一种长着马耳朵的“鲸类鬣狗”。昂布鲁瓦兹·帕雷还进一步说它长22米，“它的肝那么大，可以装满五个酒桶”。如此细致的形容似乎给其他的证词增添了某种可信度！地理学家安德雷·戴维曾旅行至利凡得——位于埃及与叙利亚的一个地方，在阿拉伯海域，他见到了“一种叫作奥哈布的鱼，9至10英尺长，宽度的话根据其大小比例而不同，它的食性极其古怪，既喜欢吃老去的骆驼，也喜欢吃利沃尼亚狗，甚或是狡猾的同类，它的胃口很小而且消化很糟糕”。从插图可以看出，这是一种四足动物，长有鳞甲，它的脑袋更接近老虎的脑袋而不是鱼的脑袋。

戴维，是一位修士，很多评论者认为他轻信一切甚至是“蒙昧地天真”。听别人讲述奇异动物时，他表现出来的赞叹之情似乎总是无穷无尽，比如萨尔玛提克海（Sarmatique）中的一种蜗牛怪，“大如酒桶，角长得与鹿角一样，角的末端以及其中分叉的枝上有小小的发光的圆珠，就像是细细的珍珠。这种怪兽的脖子很粗，眼睛也很大，像烛台，让它看起来就像在发光。它的鼻子又圆又胖，就像是猫的鼻子，边上还长着一圈毛，嘴巴咧得很大，下面还挂着一个肉瘤，看起来既突兀又丑陋无比。它有四条腿，宽大弯钩形的脚可以充当它的鳍，加上一条坚硬且色彩斑斓的长尾巴，就像是老虎的尾巴那样”。我们很难认定萨尔玛提克的蜗牛怪是什么动物：一种说法认为，这是“一种巨大的菊石化石，借助它我们能考证当时可能的人类”，另外一种说法中，认为这是一种长着菌菇头的海豹，它栖居在乌龟壳中。最令人惊奇的是，戴维认为这种动物有药用价值，而且它的肉“极其细腻鲜美”。

这很可能是一种长着菌菇头的海豹，栖居在乌龟壳中。

其中最可怕的一种动物可能还是那种尚未命名的动物，昂布鲁瓦兹·帕雷描写过它。关于它的图画，也许是根据道听途说画出来的，画上是一种几乎呈环形的动物，有十二只脚、四只眼睛、四只耳朵以及一条尾巴。昂布鲁瓦兹·帕雷认为：“看到这样一种长着这么多眼睛、耳朵和脚且每一个器官都各司其职的动物，有谁不会感到震惊呢？说实话，要是我，我会茫然失措，不知道说些什么，只能想，自然如此为之，就是为了让我们见识它伟大的创作。”

FOSSILES MARINS (TERRAINS QUATERNAIRES)

—

海洋化石（第四纪地层）

化石可以让我们重新构建史前动物。第四纪地层，是离现在最近的时代，
向我们展示了与我们的祖先生活在同时代的动物种类。

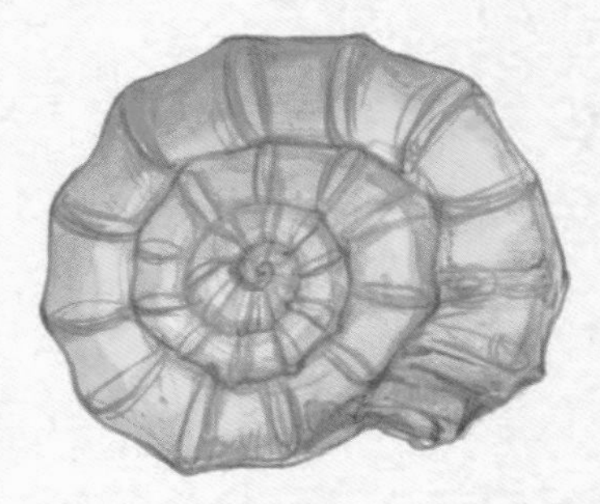

萨尔玛提克蜗牛怪的壳

（阿普第阶）

化石

萨尔玛提克蜗牛怪、日耳曼猪鬣狗以及
奥哈布的化石是在卡拉布里阶时期的
阿拉伯半岛发现的。
这种动物可能一直存活到史后时期。

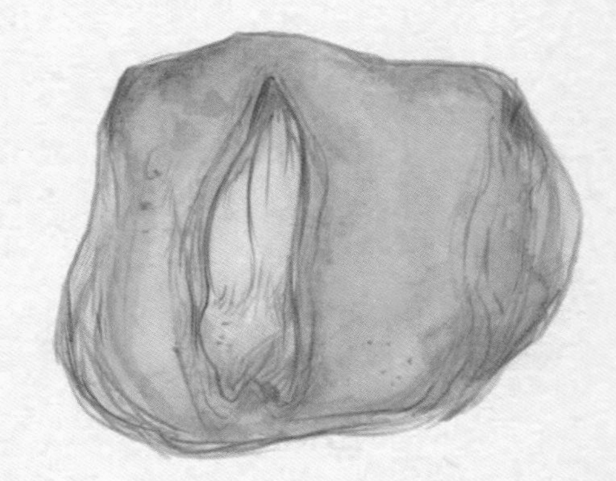

日耳曼猪鬣狗的牙齿

（爱奥尼亚）

萨尔玛提克蜗牛怪

（*Macrolimax sarmaticus*）

重构图

日耳曼猪鬣狗

（*Hydrisys teytibucys*）

重构图

奥哈布

（*Foetidus nauseabilis*）

我们曾发现过一具卡拉布里阶时期
几乎完好无损的奥哈布的骨架，
这种动物在中世纪时期的
一些故事中曾被提及。

不知名的怪兽

贝都因人有时会制造一些假化石
卖给天真的游客。
这种"怪兽"似乎从未真正存在过。

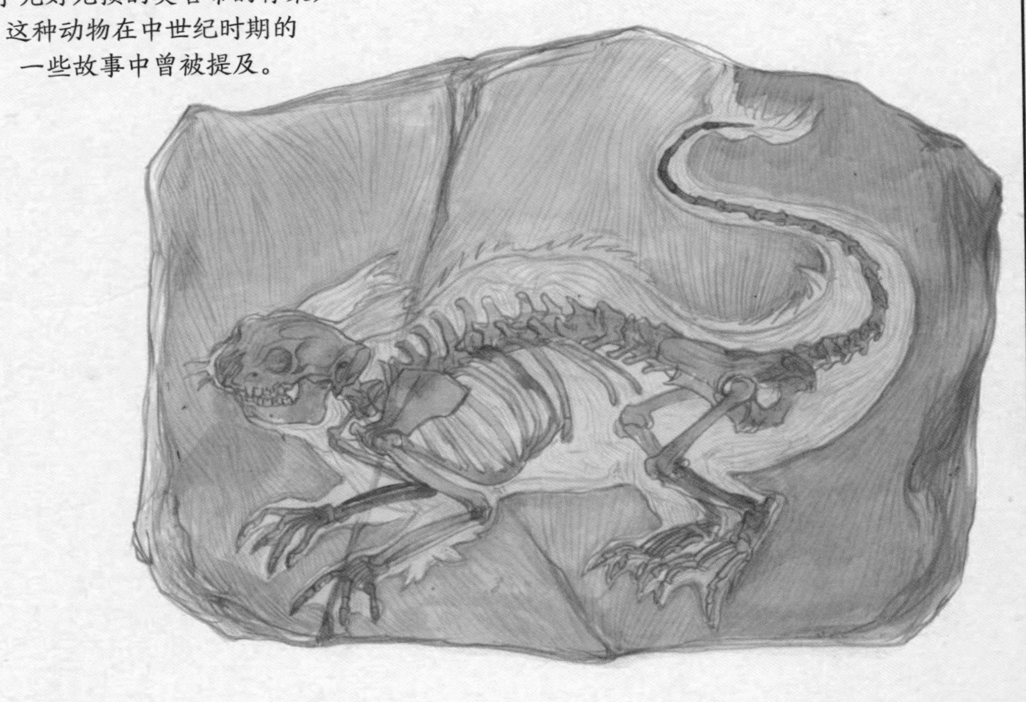

Bêtes humaines

—

半人兽

La Sirène
美人鱼

据巴尔托洛梅·德·拉·卡萨[1]所言，克里斯托弗·哥伦布曾经说过他“见过三只美人鱼直立在海面上，但是它们的样子并没有我们描述的那么美丽，虽然从某种程度上说，它们的脸的确像人脸”。“从某种程度上说”并不是无足轻重的说法，我们可以据此猜测哥伦布见到的动物其实是海牛！这种动物从近处看，实际上长着一张圆圆的大脸，往前凸得厉害。皮肤灰色，皱皱的，上面长满了坚硬的毛。我们可以想象，依照这种动物前半身的模样，它应该是牛与斗牛狗混杂的样子。

基督徒皮埃尔·德·夏尔勒瓦认为，之所以把海牛与美人鱼混淆，是因为“大家看事物的角度很不同。我完全不知道海牛会唱歌，人们说如果把它拖到陆地上，海牛就会掉眼泪、呻吟，正因为如此，法国人才给它取了这么一个名字[2]。至于它的模样，可以说一点都不漂亮”。另外，虽然雌性海牛的乳房在怀孕期以及哺乳期是饱满凸出的，但它们实际上长在腋下。美人鱼会给自己的孩子喂奶，我们可以想象小美人鱼轻咬着它妈妈的鳍。实际上，海牛很少会把头伸出水面，所以不管怎样我们都看不到它喂奶的样子。

水手们自古代以来就知道这种样子的美人鱼。他们在非洲的大西洋海岸见过海牛，在印度洋见过儒艮。葡萄牙人把它们叫作“peixe mulheres”，即“鱼-女”，但并没有因此就怀疑它们的动物属性，因为他们吃这种鱼，“它们的肉质以及内脏的形状都与猪很相似。人们还说起马鲁古群岛上的另一种美人鱼，它长着女人一样的乳房和脸，肉吃起来像牛肉”。夏尔勒瓦认为，克里斯托弗·哥伦布之所以会弄混，是因为“他总是主观地将很多东西都归于神奇，这样就可以让他的发现更加有名”。也许这是因为航海家见到了他期望见到的事物，尤其是它还是古代作家描写的动物。哥伦布认为印度的西部应该有美人鱼，所以，他便看到了美人鱼。

葡萄牙人并没有怀疑它们的动物属性，把它们叫作“peixe mulheres”，即“鱼-女”。

在美人鱼还未被说成长着一张牛脸之前，它们完全是另外一种模样。《动物志》中呈现了好几种样子，半是女人半是鱼，或者，半是女人半是鸟，就像在希腊人们所见到的那样（塞壬）。它们会唱歌而且还会演奏多种乐器，“它们的乐声是如此动听，以至于每个人听到后都会靠近它。当人靠近它时就会昏昏睡去，而它一看见人睡着了，就会把他杀死”。理查·德·弗尼维尔把自己的爱人比作这些会唱迷人曲子的美人：“我向您乞求爱情，让您不堪重负，我深爱的美人；因为，自从我告诉您我的痛苦，您就再也不注视我，我简直是如同死去了一般……您的魅力吸引了我，但是您却拒绝了我的爱情、将我背叛。”他不顾一切地问，谁才是罪孽最深的，是背叛了人类的美人鱼还是相信美人鱼的人类。美人反驳时用了一个相似又相反的类比：我不会因为您的这些话而沉醉，就像那些人听到美人鱼的歌声那样，“因为，先生，如果我轻信您的甜言蜜语，那么我很快就会死去”。

1. 巴尔托洛梅·德·拉·卡萨（Bartolomé de Las Casas，1484—1566），西班牙多明我会神父、传教士、作家、历史学家。

2. 法语中的“海牛”为“le lamantin”，而另有词lamanter，为“啜泣、呻吟”之意，两词相似。

LA SIRÈNE

N° 29

—

美人鱼

美人鱼或者人形鱼是海里的哺乳动物。它们身体的前半部分与人相似，而后半部分则是长着鳞片的鱼尾巴。美人鱼专吃水手，它们用歌声把水手吸引到水里。雄性美人鱼，特里通，很少被人看到，因为出海捕食的都是雌性美人鱼。

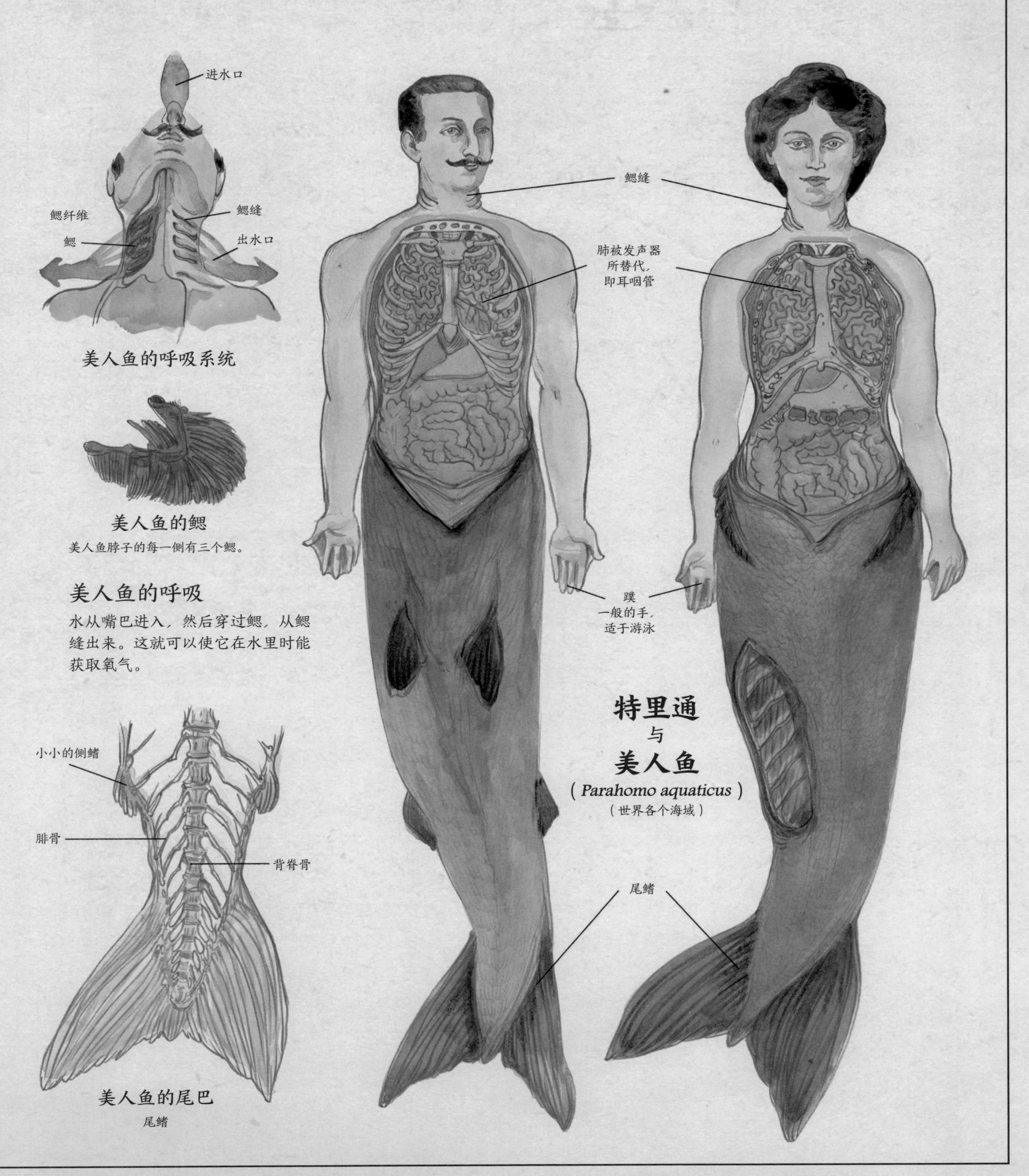

Le peuple des Tritons
特里通

“我要忘掉美人鱼的故事，它们借助自己美妙的歌声吸引人类，据说只是为了最后把他们杀死。总之，我要忘记一切看起来似乎是诗人想象出来的东西，只专注于被质疑的事实，并且是与我们的时代相近的事实，这些事实才属于我们的研究范围。”伯努瓦·德·马耶依据自己提出的人类由水中进化而来的理论试图说服自己的读者，他提供了无数的证词，来自船长、耶稣会教士或者是名人等一切值得信任的人。他们瞥见过特里通以及美人鱼，有几次甚至抓住了它们，并且将它们献给他们的最高统治者。他们的故事的确很珍贵，但故事却没有办法成为实在的证据。水手们经常可以在港口买到抹香鲸的牙齿、海龟的壳、怪兽模样的鳐鱼干，甚至，有时候可以买到美人鱼。所以必须细致考证。美人鱼并不是长着鱼尾巴的漂亮女人，而是像中世纪时期《动物志》上描绘的那样，“可怕的动物，从头部到肚脐的样子像是一个小个子女人，脸很可怕，头发很长，蓬蓬地耷在脑袋上”。

它的头和手臂看起来有点像人，虽然它长着尖尖的爪子，身体的后半部分很像是鱼的尾部。

不管怎样，这是关于这种动物真实的描述，船长塞缪尔·巴雷特·艾阿德1822年在巴达维亚（即今雅加达）以5 000西班牙币买下了这种动物。那是一具浅棕色的木乃伊，长大约1米。它的头和手臂看起来有点像人，虽然它长着尖尖的爪子，身体的后半部分很像是鱼的尾部。艾阿德对它进行了检查，但是也没有什么发现，他找不到任何女性身体与动物身体缝合的痕迹。这是一只真正的美人鱼！为了买下它，他把公司的船都卖了，乘另一只船去了英国。沿途经过南非的开普敦时，他在那里公开展示了自己的美人鱼。尊敬的医生菲利普为此做了一个长长的充满了解剖学细节的描述，并且坦言说：“我一直以为这些动物是虚构的，但是现在我的疑虑已经全部消失了！”

9月，艾阿德抵达伦敦，准备在埃及馆办一个展览。为谨慎起见，他请来一位动物解剖学专家埃弗拉德·霍穆先生，这位先生派他的助手威廉·克利夫特来检查美人鱼。这个人很确定，“这是狒狒的身体与鱼的尾部缝合而成的东西”。艾阿德告诉他不要声张，之后向公众开放了展览。有些博物学家公开表示他们的怀疑，但是另外一些博物学家则宣称“美人鱼的到来意味着博物学新时代的到来”！门票只有一先令，所以成千上万的人都跑来看这个动物。虽然艾阿德大获成功，但还是没有办法买回自己的船。几年后，那只美人鱼消失不见了。1842年，演出公司老板费内阿·T.巴尔南在纽约展出了一只在太平洋斐济岛上抓到的美人鱼。我们不知道这只美人鱼是不是就是艾阿德展出的那只，或者说是那只美人鱼的孪生姐妹，因为它们十分相似。巴尔南说，这是“一个极其丑陋的标本，已经风干，皮肤暗淡，手臂举起，仿佛正在发怒”。如果说今天已经确定特里通并不是人类的祖先，它们仍可能有其他的后代，是不同于伯努瓦·德·马耶想象的一种动物。鉴于美人鱼以及特里通曾在博物馆以及奇物陈列室被展出，必须承认这个生活在海洋中的侏儒人也让人想起那些曾经与森林有关的精灵、妖精以及其他的小妖怪，至少是它们中比较惹人喜欢的那些。

SIRÉNIFORMES

N° 74

—

人鱼类动物

人鱼类动物构成了一个谜一般的动物群。但是绝对不可以把它们和伪美人鱼，即渔夫加工过的鳐鱼干，混为一谈。

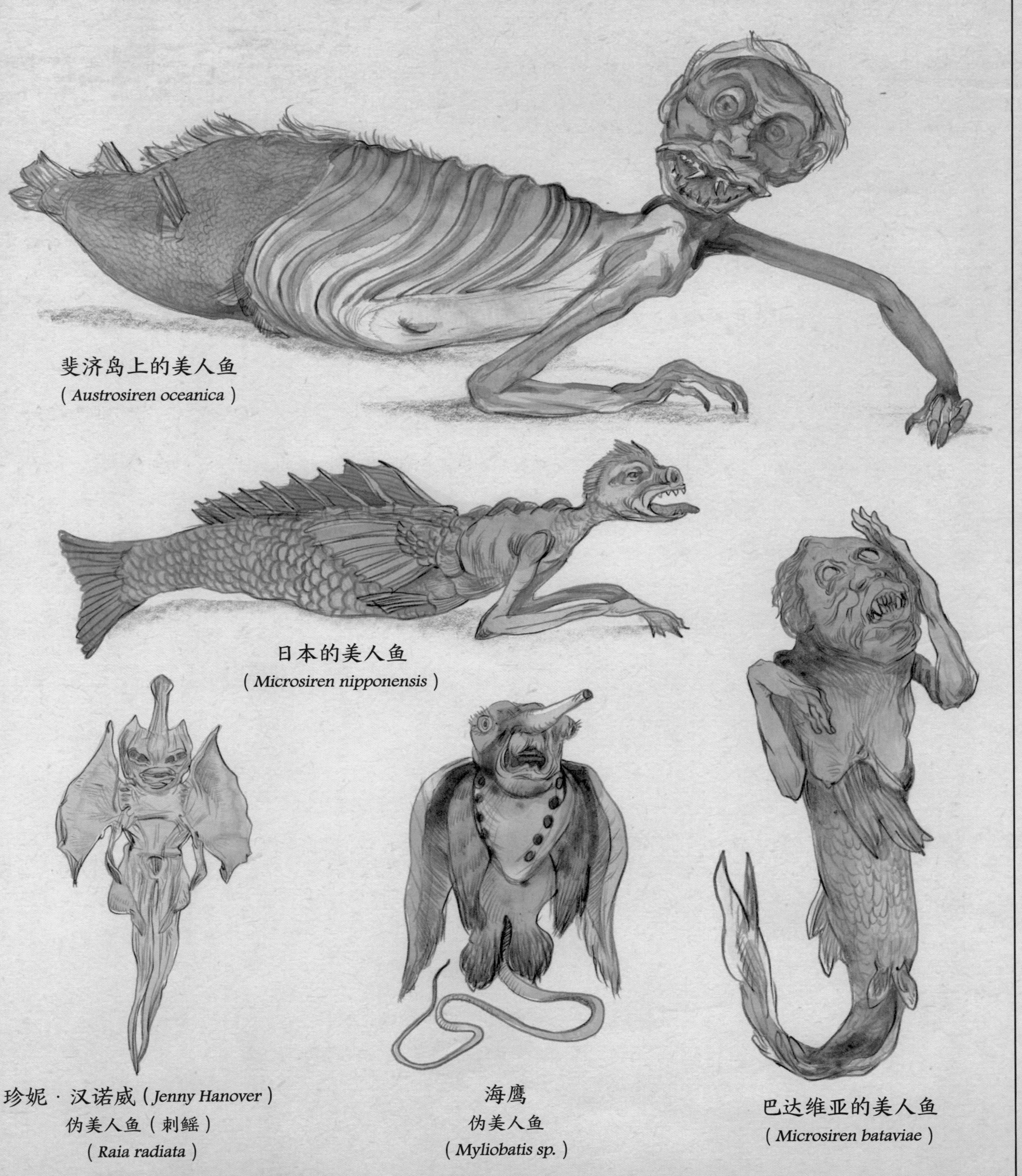

斐济岛上的美人鱼
(*Austrosiren oceanica*)

日本的美人鱼
(*Microsiren nipponensis*)

珍妮 · 汉诺威 (*Jenny Hanover*)
伪美人鱼 (刺鳐)
(*Raia radiata*)

海鹰
伪美人鱼
(*Myliobatis sp.*)

巴达维亚的美人鱼
(*Microsiren bataviae*)

Le Yéti
雪怪

1396年，约翰·施特博杰被土耳其人抓住，当时正值匈牙利国王西吉斯蒙·德·卢森堡与苏丹巴佳泽一世在打仗。于是，这位士兵在中亚待了很长一段时间，为塔塔尔切克王子服务。在他的回忆录中，他写到曾经见过“与其他正常人不一样的野人。除了手和脸以外，它们浑身长着毛。它们像别的野兽那样在山里跑，吃树叶、草以及一切可以找到的东西”。这也许是第一次有人描述这种动物，后来，在喜马拉雅山地区人们称它们为耶迪（Yéti），在高加索地区称它们为阿玛斯蒂人，在北美洲称它们为萨斯科奇人（Sasquatch）或者大脚人（Bigfoot）。几乎在每个地方，雪怪（泛指意义上）都是民间故事、传奇故事、狩猎故事的主角，在这些故事中它们偶尔被人发现，有时被人追捕。人们经常认为它们会偷窃牲畜或者抢夺女人和孩子。如今它们属于神秘动物学的基本研究范畴之一。它们在美洲的族类，即大脚人，经常出现在影视以及商业场景中。有时，凭借它们拥有的神奇力量，雪怪总是会被描写成一种直立行走的巨猴，长着褐色或者红棕色的毛，脑袋呈圆锥形。虽然有数不清的证词，但是没有任何确凿的物质证据。探险中收集到的各种毛最后总是被证实是熊毛、马毛或者野牛毛（大脚人就是这种情况）。采集到的脚印也很奇怪，都是横向的，就像是一个东西落在地上留下的印记，而不像行走的动物留下的痕迹。关于这些庞大的长着毛的类人动物的属性说法五花八门。以前，只需要把它当作“巨猴”，但是现在古人类学的发展迫使我们必须把它们纳入人类发展族谱，或者说不同人种的发展族谱。因为现在大家都知道曾经同时生活着好几种人，到了后来其中某一种族的人消灭了其他族类的人。

巨猿牙齿的化石被中国药剂师以龙骨粉的名义销售出去。

因此，有些人认为它们是幸存下来的尼安德特人，虽然尼安德特人基本不会生活在中亚。但是它们可能属于另外一个人种，即最近发现的丹尼索瓦人。根据唯一的一块趾骨，我们确定了这群人生活在西伯利亚阿尔泰山的山里。不幸的是，如果研究人员分析尼安德特人与丹尼索瓦人的基因，会发现没有任何部分与雪怪的基因相似。其他人偏向于认为它们属于更古老的人种，是“直立人”的后代，基本上已经在好几十万年前就消失不见了。他们的论点主要根据耶迪、阿玛斯蒂巨大的身材，前提是目击者的话真实可信。

还有另外一些值得考虑的假设。有人认为它们是巨猿的后代，即一些庞大的猴子，但是位于人类发展族谱树比较底端的位置，因为它们的历史同猩猩一样，大概要追溯到1 600万年前。我们只知道有一些下颌的碎片以及许多齿化石，它们被中国药剂师以龙骨粉的名义销售出去。雪山人拥有强壮的肌肉，这与它们“炮弹”一样的脑袋不无关系，因为只有这样才能支撑住头颅，就像大猩猩那样。巨猿直立起来时，有3米高，但是事实上它依靠四肢移动，这在雪山人那里基本很少提到；而且，这种生物似乎在20万年前或者30万年前就已经灭绝了。还有最后一种可能，这也是神秘动物学家最推崇的结论：也许存在着好几种雪怪或者阿玛斯蒂人，每一种都对应着前面提到的可能性。从科学角度来看，这也许是最令人激动的，但是肯定不是最符合道理的！

MAMMIFÈRES (PRIMATES)

N° 112

—

哺乳动物（灵长类）

雪怪耶迪是一种类人双足哺乳动物，生活在喜马拉雅山地区。主要分为两类：高个子耶迪，它可以长到 3.5 米（下图），以及矮个子耶迪，只有孩子一般高。

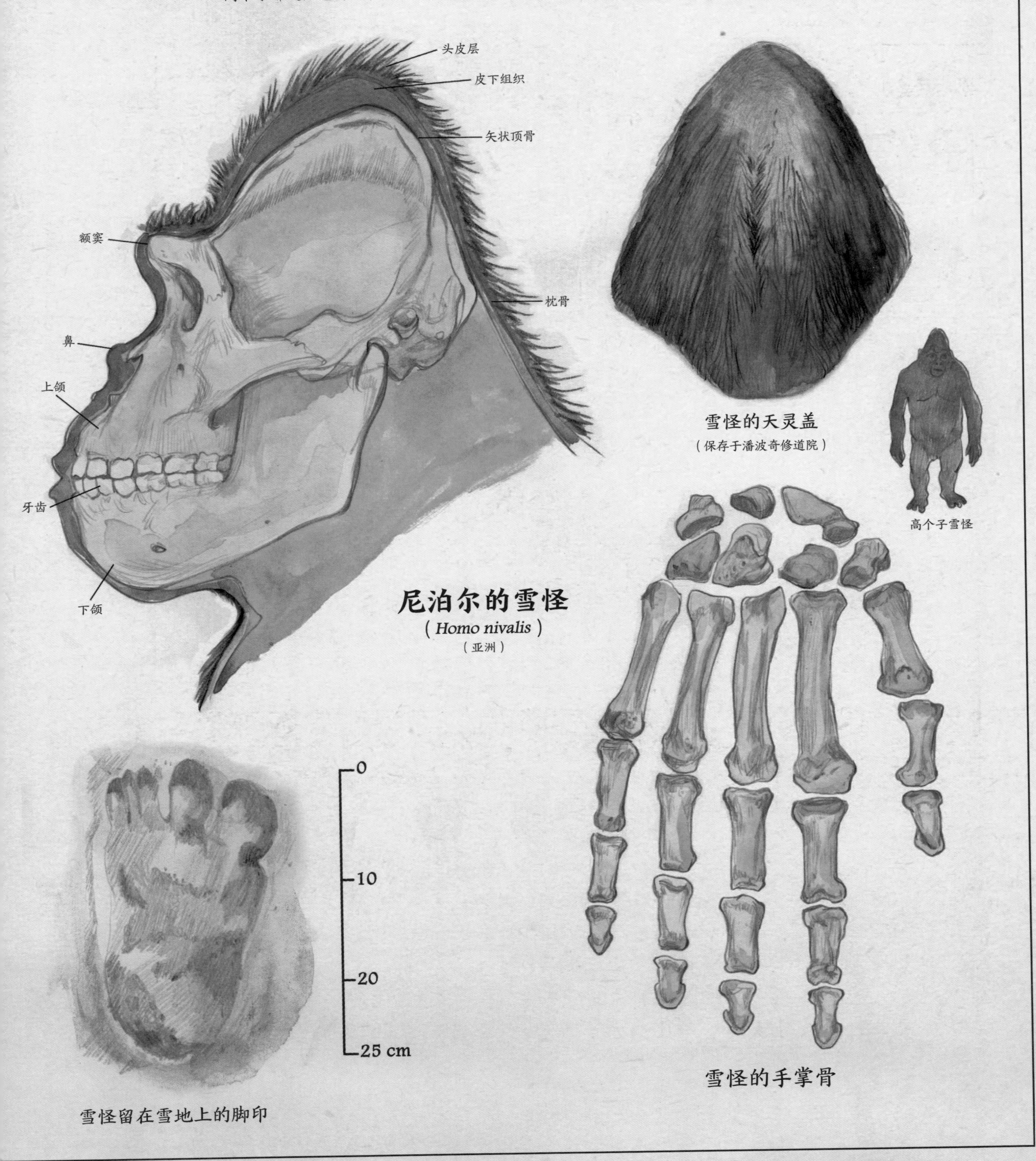

尼泊尔的雪怪

（*Homo nivalis*）

（亚洲）

雪怪的天灵盖

（保存于潘波奇修道院）

高个子雪怪

雪怪的手掌骨

雪怪留在雪地上的脚印

Cabinet des Merveilles - MIRABILIAE - Établissements DEYROLLE, 46 rue du Bac, Paris 7e

Les Hommes-Singes

猿人

1698年4月，伦敦，解剖学家爱德华·泰森第一次对“猩猩”进行了解剖，这在英国历史上还是头一遭。几个月后，他发表了自己的研究结果，文章的题目为《猩猩或者猿人，或者侏儒人的解剖图，与小猴子、大猴子以及人类解剖图的对比》。那时，巨猴还并不为人熟知，这也是为何这个题目如此细致又模糊：泰森解剖的究竟是什么东西或者什么人？他的论述以及相关的图解毫无疑问地表明这是一只黑猩猩。“猩猩”（orang-outang）是对猿类的一种泛指，但是在马来语中，这个词的意思是“树上的人”。泰森还确定这种动物与人是那么相似，以至于它可以被看作“一种微型人，就是我们今天所说的林人、野人、猩猩或者树人……其他人可能会说它是树神”！他列了两个表，一个列出了这类动物与人的48个相似之处，另一个则列出了两者之间的34个不同之处，这些是他对“猩猩”与人比较后的结果。最后他毫不犹豫地总结说，这显然是一只猴子，但是比起其他猴子，这只猴子与人的相似度更高。他认为，这也许是一个侏儒人，即古代作家所描写的小矮人，在那之后，再也没有人见过它们。

18世纪的博物学家试图弄清楚它们的区别，但是实际的考证实在太少，给猴子取的名字也是各有不同：pongo，jocko，orang-outang，quimpanzé，barris[1]，同时也不能忘了林奈提出来的科学的新归类：林人（homo sylvestris），夜人（homo nocturnus），野人（homo ferus）。我们总是无法确定这些是否全部都是动物，尤其是因为与它们接触的人说起它们时通常都会把它们当作树人，即“从外国到他们国家定居的人”，它们之所以不说话是因为“它们担心别人强迫它们做事”。画中的这类动物总是直立着身体，拿着一根棍子或者一件东西，这让它们看起来更像人。但是布封不愿意我们把它们叫作“野人”：“我一点都不喜欢这个称呼，因为它一开始就呈现了一种与未知土地上的野人做类比的想法，这些动物完全不应该和他们进行比较。”相反，博物学家让-巴普蒂斯特·罗比内（Jean-Baptiste Robinet）认为：“猩猩并不是真正的人，只是与人非常相似……所以我们可以把它看作一种过渡型的动物，它填补了猴子到人演变的空白。”这已然很接近进化论的观点了！

艾布·果果个子很小，浑身长着毛，可以双脚直立行走，爬起树来也很灵活。

2003年，一个澳大利亚与印度尼西亚的研究小组在印度尼西亚的福洛瑞斯岛上发现了一些化石，它们属于新的人种：弗洛瑞斯人。这些人高大约1米，它们脑袋的形状与爪哇岛曾经的“直立人”很相似。它们的脑容量刚满380立方厘米，与黑猩猩一样，但是它们和其他古人使用一样的工具。更加令人称奇的是，其中有些骨头只有12 000年的历史，而长久以来人们都认为原始“直立人”早在30万年前就灭绝了。娜迦人（Nage），弗洛瑞斯岛上目前的居民，描述了一种秘密生活在岛上、与人非常相似的动物。这种动物名叫艾布·果果（ebu gogo），个子很小，浑身长着毛，可以双脚直立行走，爬起树来也很灵活。这种动物的某些特征似乎是编造的，比如它的胃口非常好，可以吞下整只小猪。它的其他特征让人想起“弗洛瑞斯人”。这些森林中的小矮人生存的时间是不是比我们想象的更长呢？

1. 这几个词都指“猩猩”“大猩猩”“黑猩猩”。

HOMME SYLVESTRE

N° 57

—

林人

林人，或者说树人，是智人的近亲。几乎完全可以说是双足动物，它也许是猩猩与人之间的过渡生物。

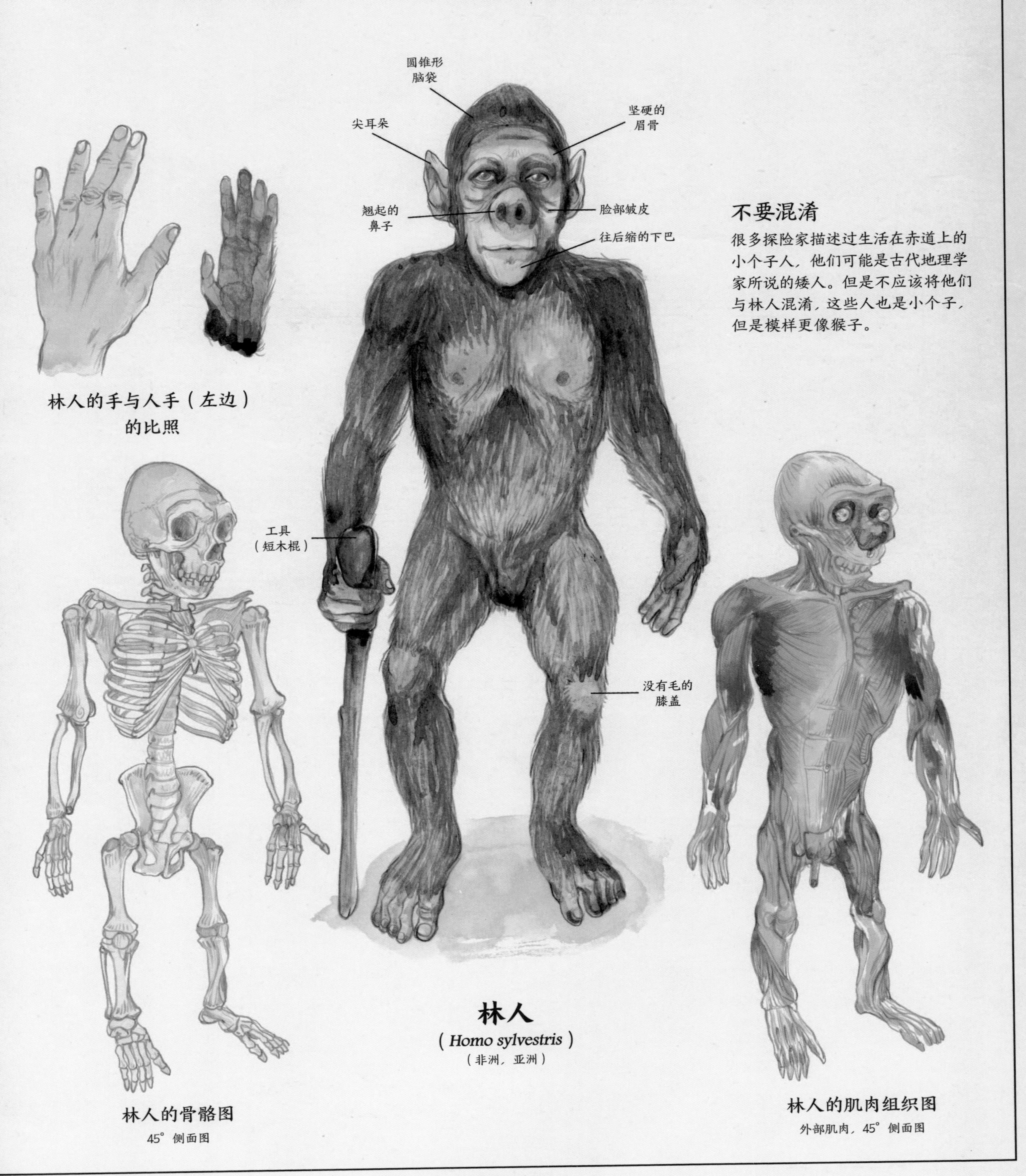

不要混淆

很多探险家描述过生活在赤道上的小个子人，他们可能是古代地理学家所说的矮人。但是不应该将他们与林人混淆，这些人也是小个子，但是模样更像猴子。

林人的手与人手（左边）的比照

林人
（*Homo sylvestris*）
（非洲，亚洲）

林人的骨骼图
45° 侧面图

林人的肌肉组织图
外部肌肉，45° 侧面图

~ Établissements DEYROLLE, 46 rue du Bac, Paris 7e ~

Les Hommes zoomorphes
兽形人

在描述了与自己相隔最近及最远的人类后，古代以及中世纪时期的地理学家并没有忘记将他们听说的其他人种归类，它们的存在即使不是完全被证实，至少也有可信之处。其中，有长着马脚的马人，有长着羊蹄和羊角的羊人——就像是希腊神话中的林神，有半人半狗模样的人，有长着狗脑袋的猿人，有长着毛茸茸身体的科罗曼德人，它们“无法发出清晰的声音，而只会发出一种可怕的尖叫声”，还有基曼托人，它们会爬树但是用四肢走路。这么多混杂的动物中，狗头人可能会令人想起现在的狒狒，但其他的动物似乎是怪物的拼合，从其他动物身上借来各种身体部分，以此为基础虚构出来的组合动物。这是希腊哲学家恩培多克勒（公元前490年—前435年）提出的假设：“地球上，诞生了许多没有脖子的脑袋，游荡着没有肩膀的赤裸手臂，飘浮着没有额头的眼睛……这些器官偶然地相遇、组合在一起……许多动物成形时，脸和身体都来自不同的地方；有一些动物，是牛的后代，但是长着人的脸，而另外一些动物则恰恰相反，它们明明是人的后代却长着牛的脑袋。”只有那些有食物可吃且能繁殖的动物才能幸存下来，这些动物就变成了现在的人。

公元前1世纪时，卢克莱修认为前一种观点很荒谬：“半人半马的动物从未存在过；任何时代都不可能存在一个双重属性的生命，由两种身体组合而成或者由不同的身体器官混合在一起，从功能上看完全不可能和谐。最迟钝的人才会受到诓骗。”他的论据同18个世纪以后居维叶提出的论据很相似，“每一个组合而成的生命都非常完整地具有它存活下去必需的一切；某个器官巨大的改变都会引起其他器官的改变。一只鸟整体上可称作鸟，就是说它的每个部分都是鸟的模样。鱼、昆虫也是如此”。并不存在所谓的“中间性”动物。

地球上，诞生了许多没有脖子的脑袋，游荡着没有肩膀的赤裸手臂……这些器官偶然地相遇、组合在一起……

相反，博物学家让-巴普蒂斯特·罗比内认为，怪兽“必然并且本质上属于整体的生命世界”。这些动物作为其他相近动物的过渡形式存在，它们“有助于事物秩序的确立，而不是打乱事物的秩序……谁能回答我们，在一开始的时候，这些怪物一样的存在就不比那些模样规整的动物更多呢……它们肯定是慢慢消亡了，而把位置留给了器官组合更加规整的动物。但是它们的模样并不是完全消失不见了，有时我们还是会见到一些”。

除了关于它们是否真正存在的疑问，还有一个问题是关于它们的意义。一些神学家认为这些怪兽一样的动物预示着即将到来的灾难。这种从古代流传下来的观点一直到文艺复兴之后还存在。但是，圣奥古斯丁（350—430）提出了一个完全不同的观点：无论它们是真是假，必须知道的是，它们是人，即亚当与夏娃的后代。他认为，就像畸形人毫无疑问属于人类一样，这些“超越了自然法则正常体系的生命也是所有人共同祖先的后代”。如果它们有理智、生命有限，那么它们就属于人类，不管它们的外貌如何。

LE CYNOCÉPHALE (ANTHROPOZOÏDÉS)

N° 3

–

狗头人（猿人类）

狗头人是猿人类中最主要的一类。它们之间用发音清晰的叫声构成的语言进行交流。

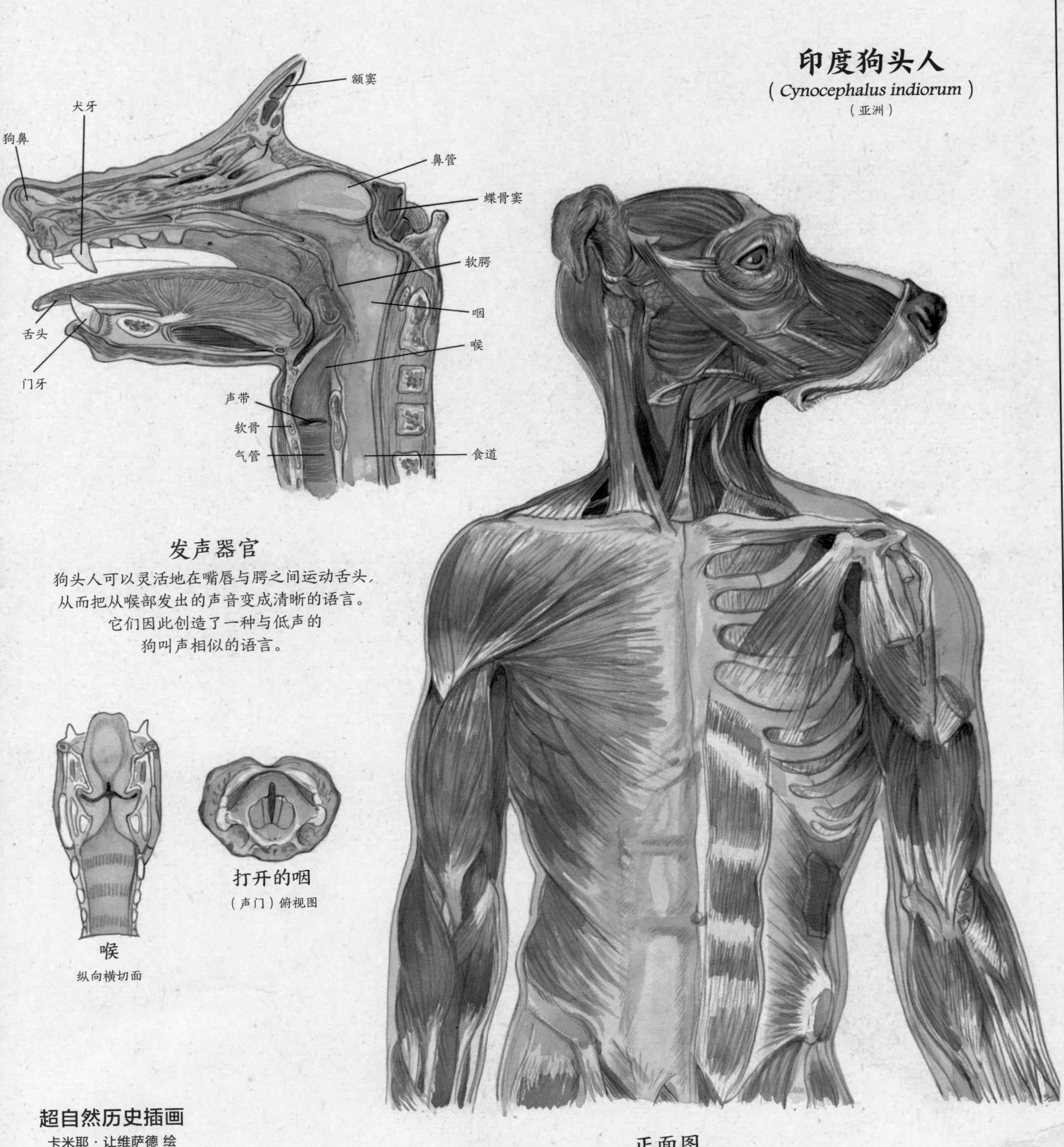

发声器官

狗头人可以灵活地在嘴唇与腭之间运动舌头，从而把从喉部发出的声音变成清晰的语言。它们因此创造了一种与低声的狗叫声相似的语言。

喉
纵向横切面

打开的咽
（声门）俯视图

正面图

超自然历史插画
卡米耶·让维萨德 绘
奇幻学家

~ Établissements DEYROLLE, 46 rue du Bac, Paris 7e ~

Les anthropomorphes
人形兽

因纽特人认为白熊基本就是人，因为，与人类一样，它们以海豹为食且能直立行走。杀死一只白熊时，猎人们同时会送它一些礼物，比如一根鱼叉、一些肉或者鞋子，以此来驱散仇恨。在他们的民间故事与神话中，人会变身为熊，熊则会变身为人。比利牛斯山地区、北美地区、喜马拉雅山地区，总之只要是人与熊一同生活的地区，也有与之相似的传说。这些故事能让人感受到人与动物之间相近的关系。以熊为例，这种相近性很明显，因为熊可以直立身体，只用两脚行走，虽然很笨拙。当然也有其他与人更相似的动物。

几个世纪以来，日本农民们都很熟悉一种叫作河童的人形动物。它身材如孩子一般高，碧绿的鳞皮，乌龟嘴，背上还有一个壳。它的手和脚是蹼一样的，就像青蛙。它的头顶没有头发，稍稍凹下去，形成了一个总是湿漉漉的水洼。当它在陆地上冒险时，这小小的水洼对它而言十分重要，因为它通常生活在湖泊与河流中。河童被看作一种狡猾而无耻的动物，有时甚至是阴险可怕的，它会攻击人类，将受害者拖至水底然后吃掉。它力气很大，甚至可以溺死过河的马与牛。日本人知道怎样抓捕它（例如可以用黄瓜当诱饵）。

1830 年，一只被捉住的河童在契约书上按下了手印，保证不再伤害任何动物与人，以此换得自己的自由。

1830年，一只被捉住的河童在契约书上按下了手印，保证不再伤害任何动物与人，以此换得自己的自由。河内村的村民们非常小心地保存下了这份文件。由此可见，河童的能力远远胜于其他动物，它能够辨理。日本的河流中还住着一种大鲵（Andrias japonicus[1]）。1726年，博物学家约翰·雅各布·舒施泽描写了一块叫作“homo diluvia testis”的化石，即“大洪水见证人”。几年后，居维叶在这块化石中确认了大鲵的遗骸，他给它取名为“Andrias scheuchzeri[2]”。河童与大鲵是否有关联呢？

艾蒂安·德·弗拉古在其所列的马达加斯加动物清单中，描述了名为“特雷特-特雷特”或者“特拉特拉特拉特拉”的动物，这是一种四足兽，“身材有两岁小牛那般大，圆脑袋，人脸，前后脚像猿。毛微卷，短尾巴，耳朵则像人耳”。弗拉古觉得它的样子和安德雷·戴维曾经描写的人面虎身兽很像。马达加斯加从来就没有猿，但是有很多狐猴，而且种类繁多，它们倒是长得有点像猿。可以想象“特拉特拉特拉特拉”是一种巨型狐猴，是古生物学家曾经描述的某种古生物的后代，比如古大狐猴，它比大猩猩还要高大；而它的脸则比现存的狐猴的脸要平。另一种相近的动物，古原狐猴，留下了一些带有切割痕迹的骨头，大约有2 300年的历史。有一种巨型狐猴很可能与象鸟一样一直活到了18世纪，应该会有一些证据可以证明它还未完全灭绝。马达加斯加人把它叫作比比·马阿嘎嘎，意为“奇特的动物”，或者比比·桑婆拿，意为“怪物”。它会不会是马达加斯加的雪怪呢？

1. 拉丁语，意为“日本大鲵”。

2. 拉丁语，意为“舒施泽大鲵”，是居维叶为了纪念舒施泽而命名的。

LE KAPPA

N° 9

—

河童

河童是一种与人相像的爬行动物，生活在日本北部荒野之地。它生活在水域环境、沼泽或者河流中，长着乌龟一样的壳和嘴巴。它身高约 1.3 米，头顶有一个盆一样的水洼。

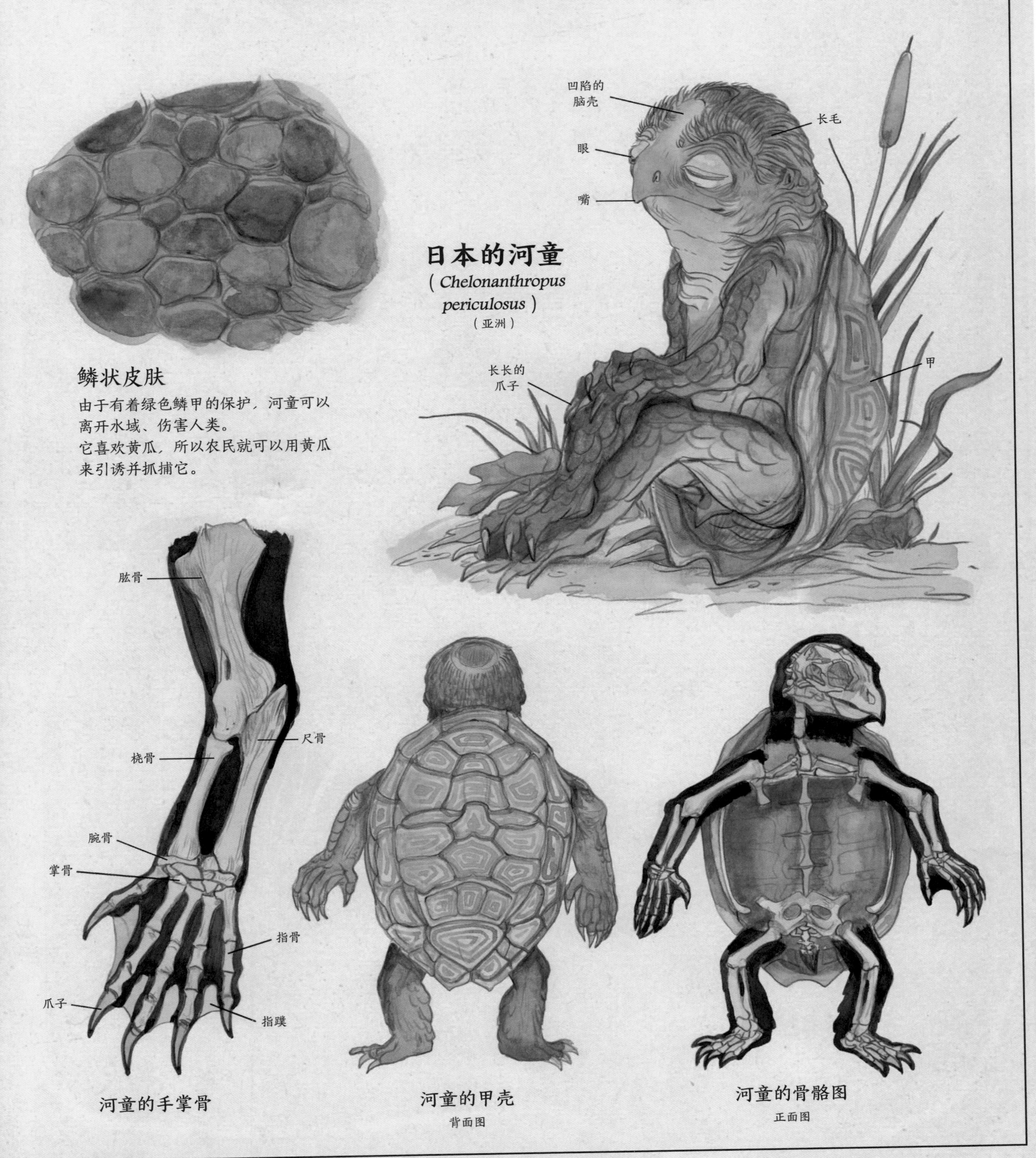

河童的手掌骨

河童的甲壳

背面图

河童的骨骼图

正面图

Le Loup-Garou
狼人

1613年，皮埃尔·德·朗克尔法官审问了一个小男孩，他因为患了变狼妄想症而被判罪。让·格雷尼，十三四岁，变成了一只狼，扑向了13岁的玛格丽特·普瓦里，“如果不是她用一根棍子自卫，很可能就被他吃了，（据他自己称）他已经吃了两三个男孩或女孩”。这个孩子坦白说“自己穿了一件狼皮，像狼一样用四只脚走路，像狼一样在田野上迅速地奔跑，像狼一样搞破坏、做坏事，杀死狗、掐断小孩子的脖子，然后将他们吃掉”。他之所以这么做，全是因为——一个名为“森林先生”的黑衣男子的意志。他脱掉衣服，浑身上下涂上一层特殊的油，然后裹上狼皮，飞奔出去。讯问后，一切细节都得到了确认：事件、谋杀、造成的伤害、地点、时间。但是没有人找到他披在身上的皮衣。

皮埃尔·德·朗克尔认为，这种变身的罪魁祸首是魔鬼，而不是这个可怜的孩子（他被关在一个修道院里，不久之后就死了）。诉讼中提到了一些关于狼人的信息。披着狼皮的狼人通常高大、敏捷、强壮、残忍。它的行为并不与它所装扮的动物相同。真正的狼是用爪子撕扯，狼人则“用牙齿撕咬，并且在吃掉女孩子之前，会像人一样脱去她们的裙子，但并不会把裙子撕碎”。为什么是狼而不是其他动物呢？“因为狼喜欢吃人，而且，比起其他动物，它做了更多的坏事”。此外，狼“是羊羔的死敌”。身材大小也是重要因素：魔鬼“不会把人装在猫的皮囊里”，因为猫太小了！

在博物学家看来，人变狼最重要的一个特点是变化过程本身。这是与昆虫变形一样的过程吗？就像毛毛虫变成蝴蝶，还是说像肉中生蛆？直到19世纪，人们都认为，死去的组织中可以生出更小的生物：死去的牛可以催生蜜蜂，死去的马可以催生胡蜂，女人的头发放在肥料中就可以生出蛇。这种“自身繁衍”理论可以用来解释人变狼的现象，它只不过是一种特别的变化形式。但是皮埃尔·德·朗克尔并不这么认为，在他看来，狼变人并不属于神圣的变化（如水变酒），也不属于想象（如诗人的想象）。它显然属于可怕的嬗变。意思就是说，这种变化并不是一种真正的本性的改变，因为如果认为撒旦也有造物的能力那显然是渎神。狼人只是“换皮”而已，在人的表皮下，“皮肉之间”其实隐藏着狼毛——被控诉为狼人的人经常会被活活剥皮，以确认它们真实的模样。

狼人只是“换皮”而已，在人的表皮下，
“皮肉之间”其实隐藏着狼毛。

1682年，路易十四颁布了一份诏令，解除对女巫以及狼人的镇压，当时他们被当作幻术师而不是被魔鬼迷了心窍的人。19世纪，人变狼这种现象只被当作一种医学疾病，介于忧郁症与思乡病之间，吃水果、以水或者啤酒替代“烈性饮料”便可治愈这种疾病。

MÉTAMORPHOSE DU LOUP-GAROU

N° 78

—

狼人的变形

患了狼人症的人如果被月光照到，身体就会发生一种剧烈的物理反应，
即骨骼、肌肉都会变化，同时会长出许多毛。

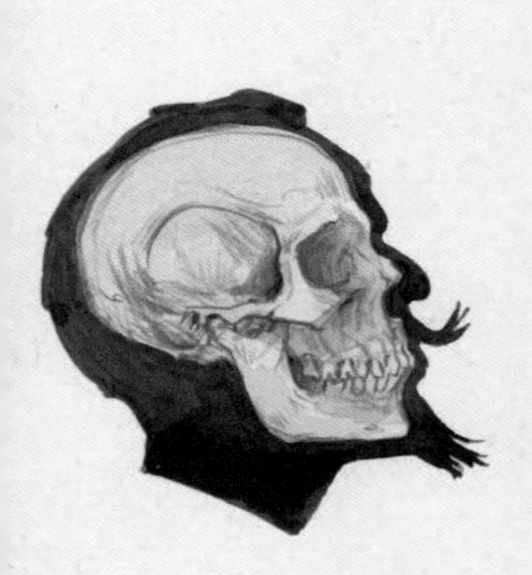

狼人 第一阶段

依旧是人的模样，感官更加灵敏

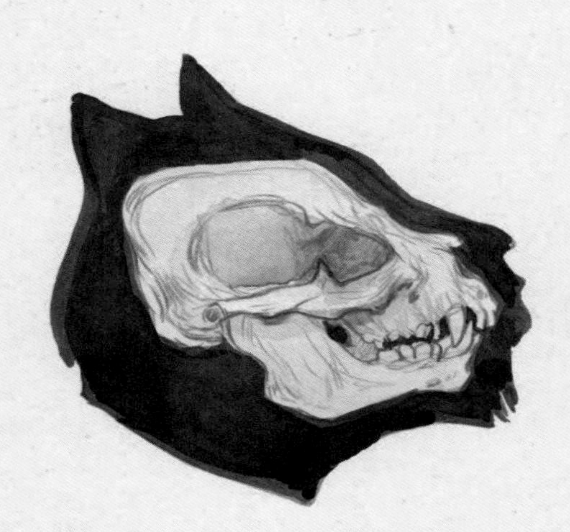

狼人 第二阶段

脑袋变形，开始长毛

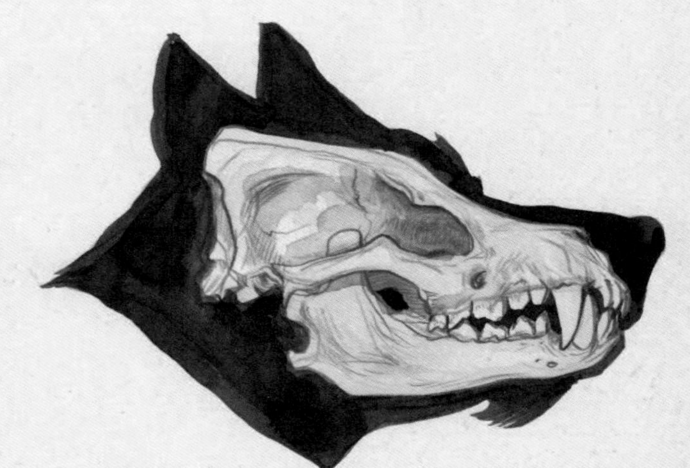

狼人 最后一个阶段

完全变成狼的模样

更加强大的感官

身体的变形伴随着视觉、听觉与味觉的极大变化。心脏跳动加速极大地提高了体力与耐力。

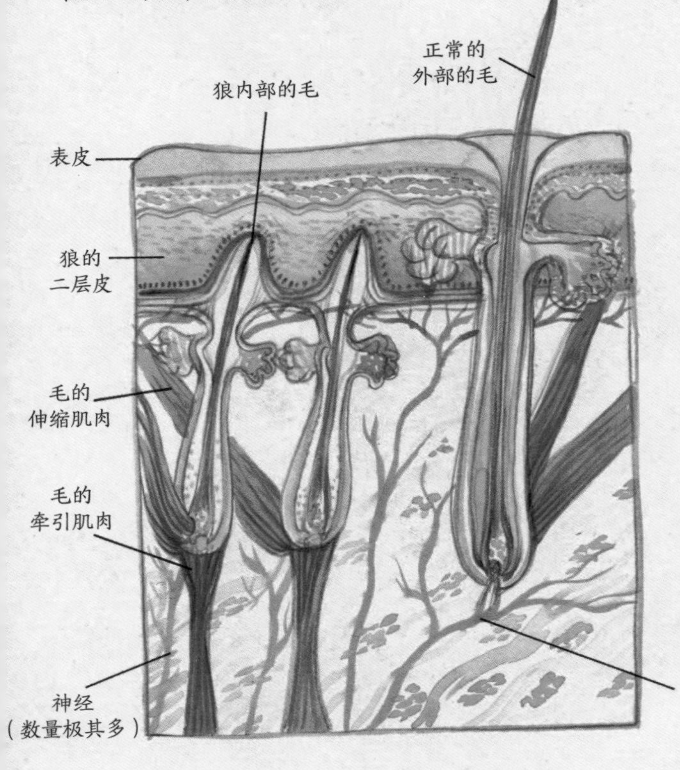

狼人的皮肤以及毛囊切面图

在变形时，二层皮的内部毛层
会冲破第一层表皮，长得极其茂密。
这种毛发体系加速剧烈生长被叫作
“月光效应多毛症”。

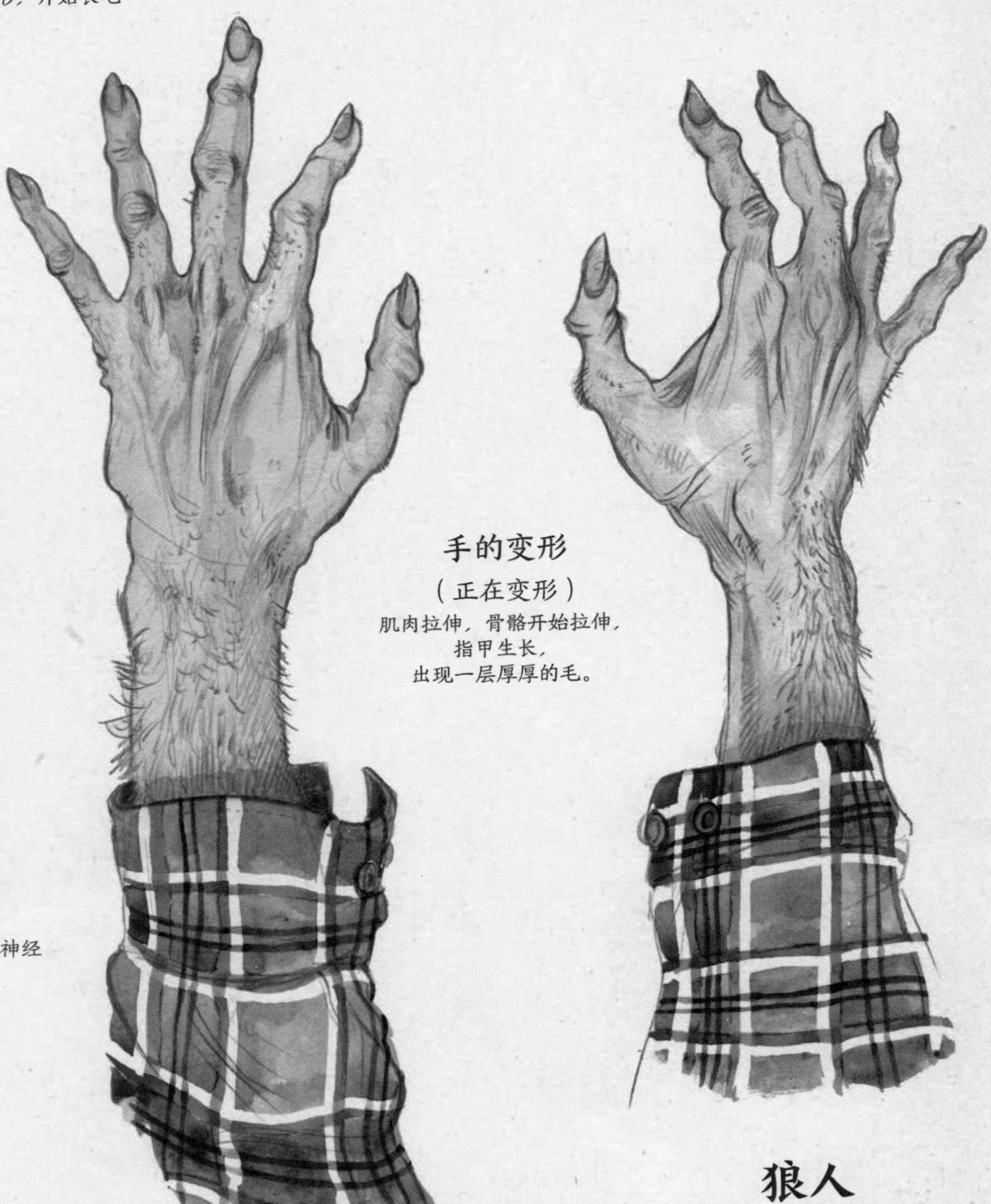

手的变形

（正在变形）

肌肉拉伸，骨骼开始拉伸，
指甲生长，
出现一层厚厚的毛。

狼人

（*Lycanthropus hirsutus*）

（欧洲）

~ Établissements DEYROLLE, 46 rue du Bac, Paris 7e ~

Hybrides et amalgames

—

混种兽

Les Lièvres cornus
角兔

角兔似乎从未被古代的作家所注意，因为它们第一次出现是在1602年。康拉德·格斯纳的遗作《动物史》中提到了这种动物。有一幅插画呈现了一只长着狍子角的野兔。在另一幅插图中，兔子的角只是一些简单的圆圆的增生物，稍稍分叉。因此，博物学家认为长角的野兔出现在挪威，就在伏尔加河或萨克森河的河岸，但是无论如何，这种动物还是很少见。布封并不完全相信它们的存在，他认为，“这种变化，就算真的存在，也只属于个体的变化，很可能因为那个地方野兔找不到可吃的草，所以它只能以木质的东西、树皮、嫩芽以及苔藓等为食”。角兔的传说并没有广泛流传，19世纪，博物学家完全将它们抛弃了。但是它们并未消失，因为猎人们从来没有停止谈论它们。角兔从16世纪开始就在巴伐利亚地区为人所知。这应该是一种头上长着某种鹿角的野兔，同时它还长着獠牙和翅膀！虽然这种动物显然是想象出来的，但是动物标本制作师开始创造这种“真实”的动物，好将它们卖给观光客这样的新顾客。这项动物合成制作法也许由来已久，比如为当地的民间故事做插图时就可以这么做，但是基本只运用于相近的动物。由于休闲旅游的普及，市场大大地拓展了。在德国，到处可见此类动物，名字各异（oibadrischl, rasselbock, dilldapp），大概都是与角兔相似的动物。这些动物也让人想到德国人很喜欢的一种小鸡“汉狐”（hanghuhn），或者是阿尔卑斯山地区的达乌鸡（le dahu），它们的爪子长得不一样长，所以它们可以毫不费力地在山岩上朝一个方向奔跑。

角兔是一种头上长着某种鹿角的野兔，同时它还长着獠牙和翅膀！

在瑞典，有一种长着翅膀的野兔，即“松鸡兔”[1]，没有角。因此，动物标本制作师的作用就很明显。这种动物应该是1918年鲁多夫·格朗贝根据一幅插图虚构的，而这幅插图则是为了表现一名猎人在1874年讲述的一个故事。这是一件委托加工作品，如今被保存在博物馆里，已经成为瑞典梅黛勒帕德省的非官方标志物。同样的道理，第一只美国角兔[2]——长着羚羊角的野兔，也是由动物标本制作师杜格拉斯·海里克制造的，他生活在20世纪30年代的美国怀俄明州。

角兔的历史在1933年出现了一个新的转折点，美国生物学家理查·肖普收到了从爱荷华州寄来的一些加卡洛普野兔，确切地说，是头和身子都覆盖着黑角的兔子。这些兔子并不是拼凑组合而成的：它们感染了一种病毒，肖普最后确认了这种病毒，将其命名为“棉尾兔乳头瘤病毒（CRPV）”。兔子的“角”实际上是由于感染病毒而产生的大型角质瘤。这种病毒的传播区域仅限于美国中部平原，但有时其他地区的物种也会被感染，如加利福尼亚州的野兔。同类的某些病毒也可使人类长出奇怪的额角。CRPV如今是研制抵抗相似病毒疫苗的一种重要元素，乳头瘤病毒可引起宫颈癌。布封在论述野兔身上长出角时提出的个体现象可能是有道理的。康拉德·格斯纳描写的那些动物中，很可能有一部分是纯粹虚构的，而另一部分则是因为感染了与CRPV相似的欧亚大陆病毒。

1. 原文为skvader，这个词由两个词构成，skva来自“skvattra”这个词，意思是“叽叽嘎嘎地叫”，“der”出自“tjäder”，意思是“松鸡”。这种动物的头部与野兔相似，背部、翅膀、体形与松鸡相似。

2. 原文为Jackalope，这个词也是由两个词构成，即“jackrabbit”（杰克兔，北美长耳大野兔）和“antelope horns”（羚羊角）。

MAMMIFÈRES (PARALÉPORIDÉS)

N° 75

—

哺乳动物（兔科）

角兔是一种模样极其多样的动物。它出自欧亚大陆北部，最后抵达美洲，
也许是跟随最早的欧洲移民的船只到了那里。

Cabinet des Merveilles - MIRABILIAE - Établissements DEYROLLE, 46 rue du Bac, Paris 7e

Le Jumart
牛骡

法兰西共和国成立后，第二年的3月3日，议员法波·得格朗第纳（Fabre d' Eglantine）向议会递交了一份关于年历的报告。月份的名字统统被改掉了，星期变成了旬，圣徒的名字被植物和动物的名字所取代，以彰显国家丰富的物产。每一个旬五（quintidi）（每一旬的第五天）由一种家畜作为象征。共和历10月15日（即旧历的7月3日）的象征物便是一只牛骡。几个月后，公民麦斯塔涅出版了一本写给年轻人看的小册子，详尽地解释了这种共和历。从中可以了解这种动物［可以叫作“朱玛”（Jumart），也可以叫作“吉玛”（Gemars）］是“一种杂交动物，由公牛与母马或者与母驴杂交而生：这种动物长着牛一样的鼻尖与尾巴，腰部很宽，蹄子像马，还有一些初生的角，非常强壮”。所以牛骡应该是牛马交合之物。克洛德·布热拉，兽医学校的创始人，让人当着他的面解剖了一只所谓的牛骡，最后总结说：“我相信的确存在一种与骡子的种类相似的动物，就像相信我自己的存在一样。”

共和历10月15日的象征物便是一只牛骡，一种“杂交动物，由公牛与母马或者与母驴杂交而生”。

在乡下，经常能看到公牛和母马的交合，但是一旦产下牛骡，实际上很难确认谁是它的父亲。在草地上，许多不同的动物聚集在一起，和其他动物的交合也很有可能发生。此外，谈论这件事的人也甚少亲眼见到分娩过程，所以甚至就连母亲的身份都无法确认！在这种情况下，布封非常怀疑是否存在这种杂种动物。他自己也解剖过这类动物，认为这只不过是一些驴骡，即马和母驴交合产下的杂种动物。但是他也没有完全排除这种动物存在的可能性，甚至尝试制造一个这样的动物：“1767年以及之后的几年，在我们布封家的地上，磨坊主在同一个牲口棚里养了一只母马和一头公牛，它们两个正可谓情投意合，只要母马浑身燥热，公牛就毫不犹豫地骑在它身上，每天三四次，直到公牛发泄完毕。”但是这个实验没有产生任何结果，而布封一直都不甚满意，因为他认为也许天气是很重要的条件。

19世纪时期，大部分博物学家否认牛骡的存在。大家都期待着一种真正杂交而成的动物能表现出介于它双亲之间的外貌体形特征。但是没有任何一只牛骡像牛那样长出角或者双趾蹄子。布罗卡认为这种动物的确存在，但并不是以我们所认为的那些方式产生的。他认为，这些动物是驴骡，通常体形更小，且不那么像骡子。这也是如今大家坚持的假设。但是，在乡下，农民们依旧在继续买卖牛骡，坚定地相信专家布热拉观点的兽医们对他们也表示支持。

共和历受到一部分家长的热烈欢迎，他们用法波·得格朗第纳选择的名字为自己的孩子取名。所以那时候在一堆阿芒·热普波里坎和斯特法妮·李博[1]中间有许多人受洗的名字为奥贝皮娜（Aubépine）、蓉基耶（Jonquille）、弗洛雷阿（Floréale）[2]。登记簿上还有几个“朱玛”的名字，比如朱玛·麦西多·萨瓦里（Jumart Messidor Savary），出生于共和国二年10月15日。之后，大概是因为动物的存在太有争议性，同时因为第一版的年历遗漏了一位圣人的名字[3]，在这种压力下，牛骡被麂皮（chamois）所替代，直到最后终于确定了圣人阿那托勒（Anatole）的纪念日，即7月3日。

1. Amant Républicain字面意思为“共和国恋人”，Stéphanie Libre字面意思是“自由的斯特法妮”，都与共和国的成立有关。

2. 这三个名字作为一般名词，本来的意思分别是“山楂树”“黄水仙”“花月”（法兰西共和历的8月）。

3. 法国的年历中，每一天都是一位圣人的纪念日。

ENSEIGNEMENT AGRICOLE, PLANCHE N°1

LE JUMART

—

农业教育，插图一

牛骡

朱玛（Jumart），或者说吉玛（Gemars），传说是公牛与母马杂交生下的动物。
它的腰很宽，样子像一只强壮的马，而脸、鼻与尾巴则像牛。有时它也会长着分叉的足以及小小的角。

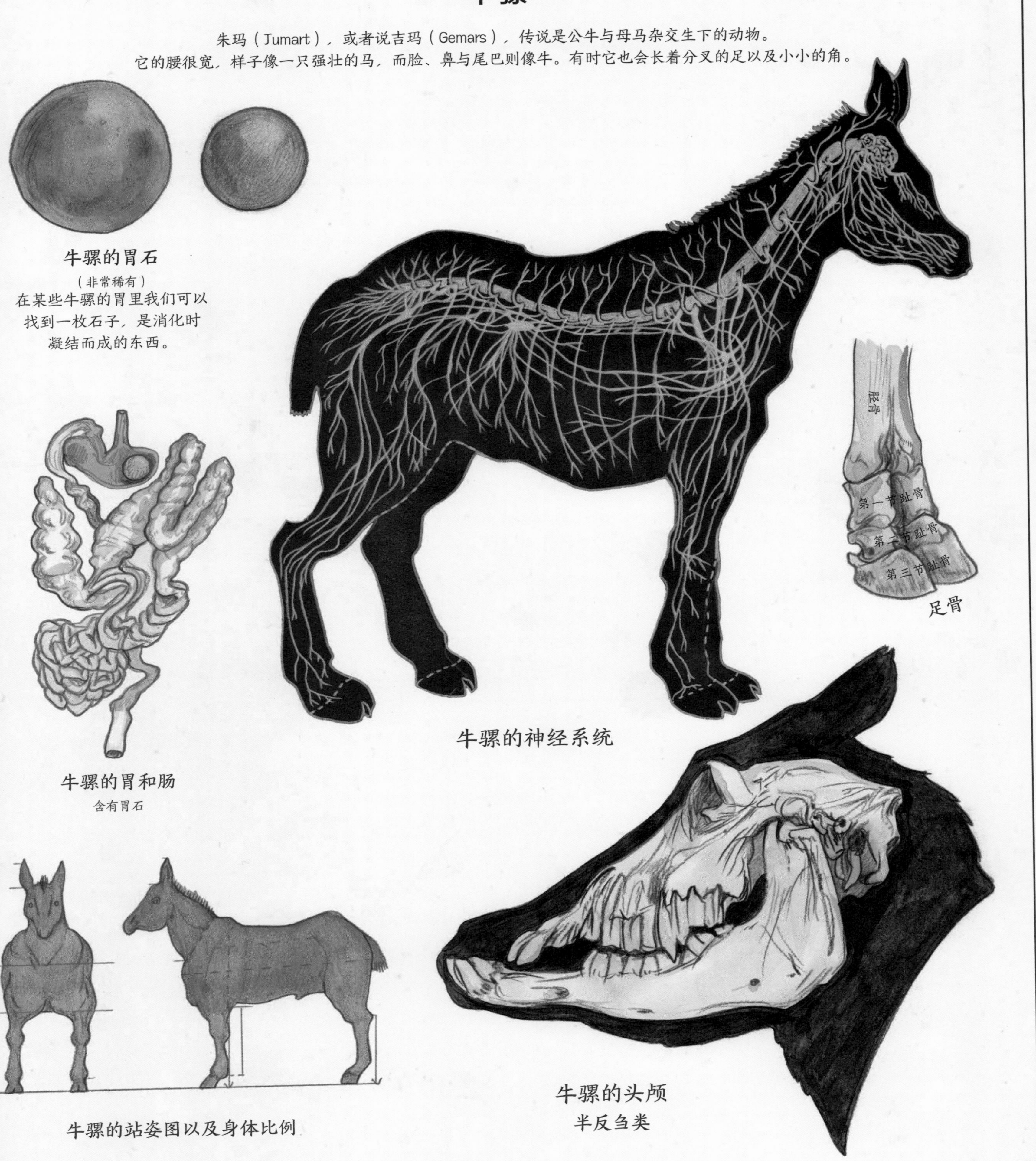

Les Hybrides domestiques
杂交的家畜

在一份特别庞杂特别丰富的书目中可以看到，1769年列奥谬尔[1]出版了一部题为《在任何时节孵化、饲养各种家禽的艺术》的著作，在这本书中他细致并且极其幽默地描写了一只雄兔和一只母鸡彼此之间"强烈的倾慕之情"，"这种情感如此强烈，以至于雄兔就像和一只雌兔那样和母鸡交合，而母鸡也任雄兔胡乱行事，就像它允许公鸡的所作所为一样"。他并未描写它们的后代，但是几年后，天主教教士雅克-弗朗索瓦·迪克玛写道：在拉弗尔城有一个居民养了"一只可怕的雏鸽，浑身长满了兔毛，身体与腿也是兔子的模样，这只小鸽子就是由一只雌性的鸽子与雄性的兔子交合后产下的"。教士表示很怀疑，但是又很相信其他杂交动物的故事，如猫-兔、鸡-鸭或者是猫-鼠。

骡子，是由驴子与马交合产下的，证明了自然的力量。山绵羊的存在也证明了这个观点，这是一种半是公山羊、半是母绵羊的动物。不同种类的动物之间的交合在养殖业或者在共同饲养的宠物之间是很常见的。所以，不应该对绵羊-猪或者母猫-负鼠等杂交动物的存在感到惊奇。有些人甚至用这种方法来解释半人马的存在，就像阿希尔·卡萨诺瓦在1883年提出的观点，他讨论了狼与山羊、燕子与蝙蝠之间的交合。大部分博物学家认为他是一个"收集不真实的可笑之物"的人，但是这并不妨碍他的观点与几个意大利学者提出的观点一致。他认为我们可以让鸽子和隼交配，它们会产下布谷鸟！事实上，杂交也触及物种的诞生问题。某些博物学家如居维叶认为，杂交动物之所以那么稀少就证明了不同动物种类之间存在着难以跨越的界线。动物种类是不变的，在时间的流逝中不会发生变化："大自然通过让动物们彼此厌恶，非常小心地不让它们的种类发生改变，这种改变很可能因为杂交而产生。人类应该使用各种方法、运用各种力量避免这些交配，哪怕是彼此最相近的动物。"没有杂交，就没有变种！其他人认为，就像林奈和布封所提出的那样，杂交是实现同一个动物种群中物种多样化的途径。但即使如此，变种的可能性也是微乎其微的。事实上，变种的数量极其微小，因为它们是双亲的杂交，所以很难产生真的完全不同的动物。因此矛盾的是，杂交对于普及化的变种恰恰是一个阻力，它不太可能催生真正的新的动物种类。

根据阿希尔·卡萨诺瓦的观点，鸽子和隼交配会产下布谷鸟！

如今，正是位于中间带的动物吸引了生物学家的注意，并不是因为它们是杂交的产物，而是因为这种动物可以使人明白变化是如何发生的。鸭嘴兽长着鸭子一样的嘴、海狸一样的尾巴。它产蛋，但是会给幼崽喂奶，一开始这些被当作假新闻，一种欺骗了诸多轻信的博物学家的大谎话。但是鸭嘴兽不仅真的存在，而且它还很好地说明了2.5亿年前爬行动物是如何进化成哺乳动物的。至于那些事实上真的不可能存在的杂交动物，它们也并未消失。猫兔这种动物一直存在于养殖业中，只要我们真的相信饲养员的话……

1. 列奥谬尔（René Antoine Ferchault de Réaumur，1683—1757），法国科学家，尤其以对昆虫的研究著称，他还创造了"列氏温度"测量法。

ENSEIGNEMENT AGRICOLE, PLANCHE N°2

HYBRIDATIONS À LA FERME

—

农业教育，插图二

农场里的杂交动物

在农场里，交配并不存在什么界线，但是某些交配也许会产生特别的产物。
鸽－兔的安哥拉毛会让许多优雅的巴黎女人欢喜，而猪绒则会彻底颠覆纺织世界。

Cabinet de curiosités scolaires – LES FILS D'ÉMILE DEYROLLE, 46 rue du Bac, Paris 7e

Le Chang nam
长楠象

从很久以前起，亚洲的河流中就生活着一种奇怪的动物，它长着大象的身体，有长鼻子、尖牙，但是，尾巴部分，用文字来表述的话，那就是鱼尾巴的形状。它曾出现在印度神话里，在印度大家把它叫作雅莱巴（jalehba），在缅甸被叫作叶辛（ye thin），到了泰国就变成了长楠（chang nam）。但是在泰国，它并不总是被认为长着那条短短的尾巴，相反，它体形很小，都没有猫大，甚至没有老鼠大。但并不是说它就没有那么危险，它尖牙中的毒液可以杀死一个成年人。所以，如果身上带着一枚长楠象的尖牙，就能保证不被大象攻击，哪怕是发怒的大象。

2007年，克伦邦一支信佛的民主军队里的上士马提奈（Maj Tinai）同一只长楠象一起穿过了缅泰边境，他开价500万缅元（相当于10万多欧元）出售这只象（要知道，在泰国，拥有一只长楠象被认为是一件能发大财保平安的大事，所以他们就让士兵负责去边境另一边把它卖掉）。王塔基那村的村长遇到了这个士兵，估摸这只动物长5厘米，四只脚，长着大象一样的鼻子和尖牙。本来它会在罗萨尼村附近被抓起来，即在缅甸的克伦邦内。据士兵说，村子周边的森林完全没有任何动物，因为长楠象可怕的力量把它们都赶走了。但是很不幸，这只长楠象被抓七天后就死了。村民把它煮了，避免它腐烂。

身上带着一枚长楠象的尖牙，就能保证不被大象攻击，哪怕是发怒的大象。

研究大象的国立学院是致力于保护大象（体形庞大的大象）的组织，院长提请当地居民不要购买这样的长楠象，他明确表示这种小型的象是不存在的。有人反驳说迄今为止没有任何科学家证明它们不存在。经过对长楠象的尸体进行X光检查后发现，这实际上是一种小型食虫哺乳动物的骨骼，某种树鼩，它的牙齿非常特别。牙齿本身与骨骼的其他部分并不相连。但报告分析并未指出鼻子和耳朵是怎么构成的。

如果我们相信泰国媒体的报道，小型水象的发现其实并不那么少见。在国家森林工业开发办公室发行于佛历2506年（即1963年）1月31日的杂志上，普拉康·唐菲哈讲述了在缅甸的撒拉温河边发现了一只长楠象。一些目击者甚至看到它用自己的牙齿咬住了一只“真正的”大象的腿，最后两只动物都命丧于此。其中较小的一只动物被人取走，放在一个大瓶子里，然后在一个展览馆展出，之后则被偷了。2003年，泰国重要的日报《国家报》曾报道马索地区有一家餐馆养着一只长楠象。X线检查分析证明它的骨骼极其普通（其实，它是不是真的有骨骼，并未被证实）。后来，它的主人拒绝再把它公之于众，因为担心有人会把它偷走。

如今，泰国的村民以及信佛的和尚会继续趁长楠象离开水域时抓捕它。因为它们无法存活很久，所以他们就会把它们晒干，然后卖给观光客。

LE CHANG NAM

N° 28

长楠象

长楠象是一种生活在亚洲水域的侏儒象。最小的长楠象都没有老鼠大，但是它们的牙齿毒性很强。

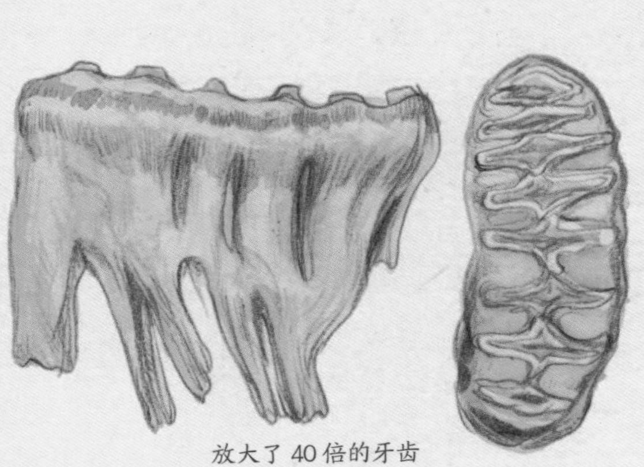

放大了 40 倍的牙齿

长楠象的牙齿

长楠象是食草性动物。它们用白齿碾碎小小的种子，以此为食。这些白齿横向生长，就像大象的牙齿一样，同时它还长着六边形的珐琅齿尖。

长楠象

(*Microelephas venenarius*)

(亚洲)

风干的长楠象

与一颗花生对比

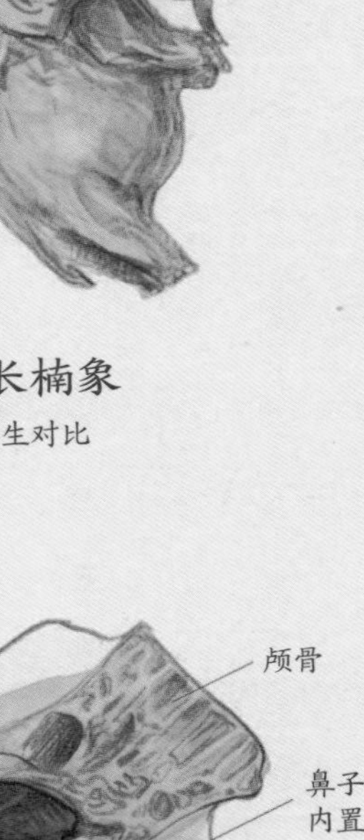

长楠象的头颅

放大了 8 倍

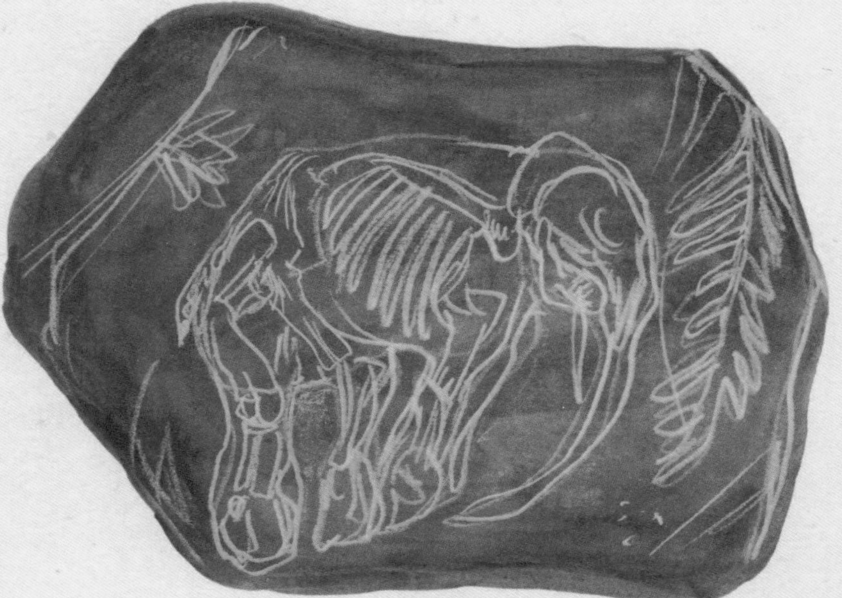

长楠象的化石

第四纪

L'Hydre 七头蛇

“七头蛇是一种生活在水中的蛇，它是一种非常聪明的动物，懂得如何攻击它所憎恨的可卡特里（le coquatrix）。”这就是诺曼底人纪尧姆·勒·克莱克在其著作《神兽》中介绍七头蛇时的开篇之言。如果我们认出可卡特里这种动物［也有人把它叫作可可德里（cocodrille）］其实就是鳄鱼（crocodile），那么事情就变得很清楚：七头蛇应该是一种食肉的巨型蜥蜴。事实上，七头蛇本身的类属也一直让人生疑，因为这种动物究竟为何物一直都无法说清楚。

有些人认为，七头蛇是一种外表漂亮、毒性很强的两栖类蛇。普林尼说，七头蛇的肝本身就是治愈它所造成的伤口的良药。伊西多尔·德·塞维勒则认为牛粪才是治愈之药。无论如何，七头蛇很讨厌鳄鱼，它会钻进污泥中去，让自己浑身变得滑溜溜的，然后装死，好让鳄鱼把它吞到肚子里去。它吃光鳄鱼的内脏，然后“因为自己的胜利而喜不自禁”，又从鳄鱼的嘴巴里钻出来。但是这种动物也可能是伊什诺獴，也就是莽古斯特獴。当鸟在鳄鱼的嘴巴里给它清洗牙齿时，獴就会乘机钻进去，吃它的内脏，尤其是肝。等它吃完后，就只剩下一只腹中空空的鳄鱼了。其他人认为，七头蛇是被赫拉克勒斯杀死的勒耳那蛇怪的后代，一种长着七个头的蛇，它的头断了就会立刻再长出来。它可能长着两只脚，一条长尾巴，所以看起来更像是一条龙而不是一条蛇。大家认为它的生活习性与其他人所说的动物的生活习性一样。

因为七头蛇很讨厌鳄鱼，它会杀死鳄鱼、把它吃掉。它吃光它的内脏然后又全部吐出来。

奇怪的是，在1730年那个时候，很少有人见过七头蛇，更不要说把它画下来了。让·弗雷德里克·纳托普在汉堡富有的商人家曾见过这种动物，他向自己的朋友艾伯特·赛巴描述了它的样子，此人是阿姆斯特丹的一位药剂师，也是某个著名的奇物陈列室的主人。一开始，他的朋友认为这不过是好几个动物拼凑起来的动物，他对此持保留态度，但是之后赛巴还是相信了纳托普的话，因为纳托普确认已经核实过这种动物“完全不是艺术虚构出来的东西，而是在自然中真正存在的东西”。他在《艾伯特·赛巴奇伟的陈列室中主要自然奇物的准确描述》一书中所呈现出来的图片很清晰：这是一种鳄鱼，长着两条腿，七个乌龟脑袋，脑袋上还长着狮子的牙齿，还有一条蛇尾巴。他还比较了博物学家康拉德·格斯纳描写过的“可怕的”七头蛇，那种动物“前面有两条腿，尾巴向下卷起，七个脑袋，每个脑袋都像狮子的脑袋，还长着一种颈圈样的东西”。这种“水里的蛇”于1530年从土耳其进口，送给了法兰西国王。汉堡的七头蛇也许是这种动物最后的后代，因为它并未留下其他明显的线索。所以，我们把这种猛兽的名字赋予生活在欧洲水域中的一种小型生物应该是一种错误，温柔的水螅[1]！

1. 七头蛇这个词l' hydre在法语中还有水螅的意思。

REPTILES (CHÉLONIFORMES)

N° 56

—

爬行动物（龟类）

七头蛇的七个脑袋让人想起乌龟的脑袋，但是它们都长着尖尖的牙齿，这是一种非常奇怪的特征。七头蛇是鳄鱼的天敌。

七头蛇的七个头

七头蛇有一个主头（位于正中间），两边有两个副头。其他四个头不过是一出生便死去的双生胚胎的残存物。

七头蛇
（*Heptacephalus horribilis*）
（非洲）

La Tarasque
塔哈斯克

塔哈斯克（Tarasque）的历史与中世纪时期欧洲各地被勇敢的骑士或者主教从城里赶出去的龙的历史非常相似。公元5世纪，玛莎，一位年轻的巴勒斯坦女基督徒，在普罗旺斯的海滨上岸，找到了吃掉汹渡罗纳河的旅人的那只巨大的动物："大家看到她只身一人面对气势汹汹的怪物，而她仅有的武器就是她的信仰，她最终战胜了凶恶的动物……这里的人太惊讶了，因为伯大尼的圣女又一次降临到他们中间，神情坚定，面容高贵，让如此可怕的动物乖乖地跟在她后面，就像一只温驯的小羊羔，而且她还把它牵在自己的腰上。"

这世上存在着（或者说曾经存在着）一些长着翅膀的龙或者没有翅膀的龙，两只、四只或者六只脚的龙，毒龙或者火龙，但是每当人与它们对峙时，就很容易发现这一类动物的身体特征。塔哈斯克，这种龙与别的龙不一样。可以想象它是一种可怕的杂交动物，也许经由几个世纪的演变而来，并且是好几种动物杂交的结果，这些动物本身也属于不可能出现的动物，而且是很古老的动物：曼提柯尔蝎狮兽、海中的狮子、巨龟，或者还有哈耳庇厄，最后当然还有龙。事实上，它的鳞甲显然就是龙的鳞甲，虽然对这些鳞甲的真正属性依旧无法确定：可以如同鱼鳞一样是骨质的，或者同爬行动物一样是角质的。但是塔哈斯克的头似乎与它蜥蜴一般的身体差别很大。如果说龙的脑袋通常和它长满鳞甲、爬行动物一样的身体是一致的，那么塔哈斯克的头则更像是人的头，这让人想起曼提柯尔蝎狮兽，它有着与曼提柯尔蝎狮兽一样的宽宽的颌，也许是它吃人肉的习惯所导致的。

塔哈斯克的头更像是人的头，这让人想起曼提柯尔蝎狮兽，它有着与曼提柯尔蝎狮兽一样的宽宽的颌。

两年多以来，各种图画中的塔哈斯克都长着乳房，这是一个关键特征：它是一种哺乳动物。我们知道，穿山甲会哺育幼崽，所以是一种哺乳动物，它的鳞甲既不像鱼也不像爬行动物。但是，塔哈斯克其他的特征又不同于穿山甲。比如，它的尾巴上长着一个毒针，大概和蝎子的尾巴一样剧毒无比。我们会再一次想到曼提柯尔蝎狮兽，或者哈耳庇厄。真正新奇的地方在于，如果我们把它看作一种由远古而来的动物，这完全是因为它的甲壳，它使我们想到乌龟或者是日本的河童，但这可能只是一种进化中的合流现象，两种动物生活在相距特别遥远的地方，根本无法想象日本河流中的乌龟-青蛙会与催生塔哈斯克的杂交过程有关系。画中唯一真正的问题是：它有六条腿。这个数字符合昆虫的特征，但是没有任何脊椎动物长着三对脚。一般而言，龙要么有四只脚，要么两只脚、两个翅膀。因为塔哈斯克已经灭绝了，所以不可能弄明白这是一种真正的遗传进化，意味着一种新物种的起源，还是说这只不过是一种简单的畸形突变，是属于个体的不可遗传的特征。

塔哈斯克已经销声匿迹了，但是每年在塔哈斯贡（Tarascon）城还是会有纪念活动，它的名字还与另一种消失的动物——塔哈斯克属（*Tarascosaurus salluvicus*）相关，毫无疑问，这是一种爬行动物。这种动物因为长着半股骨以及脊椎而为人所知，它属于阿贝力龙科，一种体长三到四米（尾巴包含在内）的食肉龙，体形上相当于一只狼或者鳄鱼。它也是一种很有趣的动物，但是不管怎样还是不如塔哈斯克那么令人称奇。

MAMMOREPTILES (POLYHYBRIDES)

N° 44

哺乳类爬行动物（杂交种）

塔哈斯克，或者说“巨兽”，是一种龙、曼提柯尔蝎狮兽、巨龟以及其他各种动物杂交而生的动物。它的六只脚刚好可以支撑起它那个沉重的球状的甲壳。

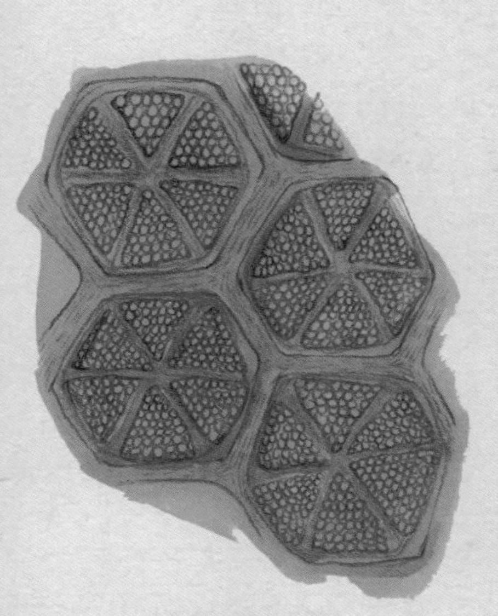

塔哈斯克的甲壳

由骨质板构成

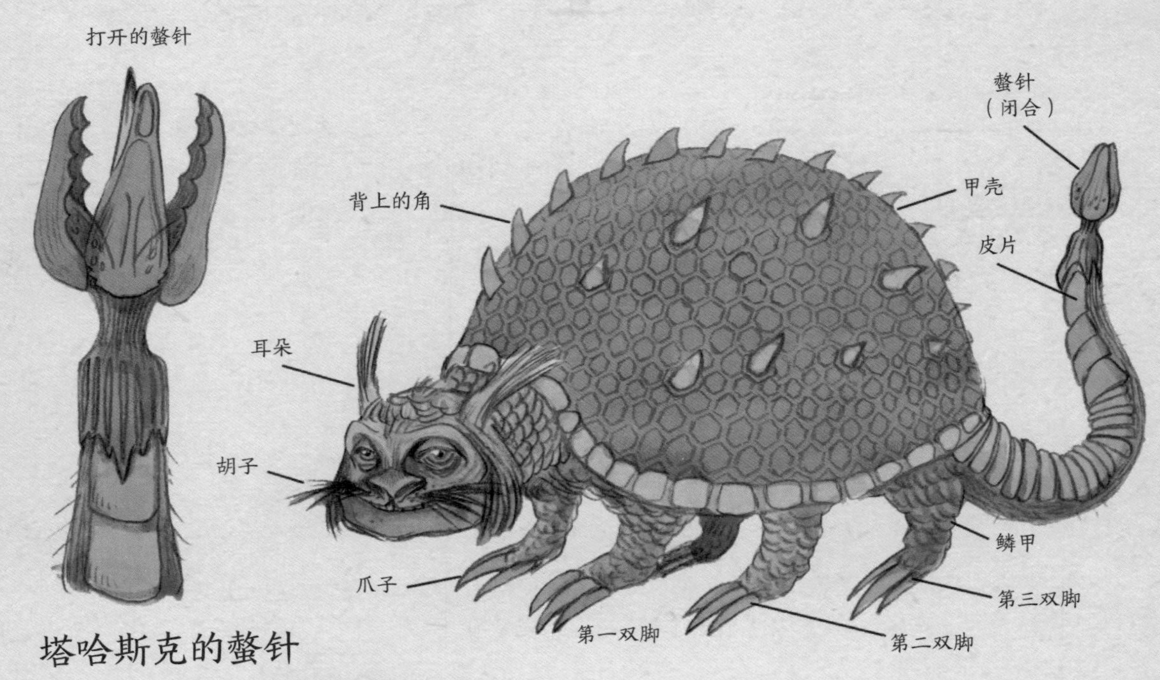

打开的螯针

塔哈斯克的螯针

螯针由三个骨质螺厣保护起来，在受到攻击时，它们会自然张开。它的毒液完全避开了紫外线光的照射，所以具有非常强的毒性。

塔哈斯克

（*Martichodraco sanguinarius*）

（欧洲）

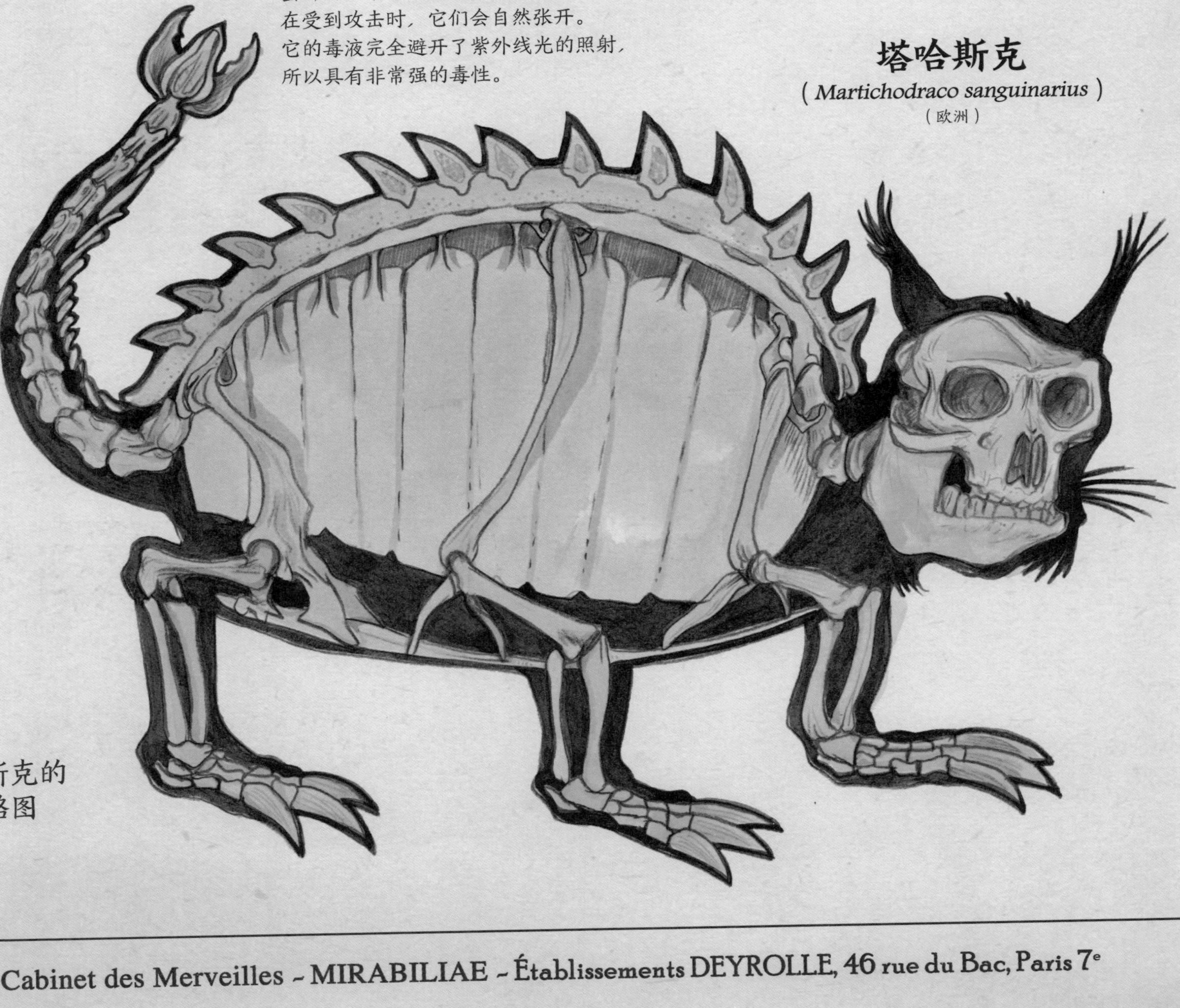

塔哈斯克的骨骼图

关于作者

卡米耶·让维萨德
（Camille Renversade）

卡米耶·让维萨德自幼年开始就对神秘与冒险充满了渴望。当他行走于法国南部荒野时，美人鱼、幽灵以及精灵充满了他的想象世界。几年后，他拿着铅笔与画笔，呈现了神话以及民间传说中的鳞甲、毛羽，他在思想的每一个角落寻找这些东西。

2006年，从里昂的埃米尔·科尔（Emile Cohl）美术学院毕业后，他又摇身变成了热衷怪兽的探险家，继续探寻陌生的土地、遗失的世界。他创造了“奇幻动物学”，在第一本关于龙与奇幻动物的探险手册中他描述了自己的发现，他和“精灵学家”皮埃尔·杜布瓦[1]合作编写了这本书。除了他的神秘动物学研究，他还继承了祖父对植物的兴趣，与莱昂内尔·伊尼亚尔一起出版了《珍奇植物图集》。

他追求奇特的事物，与弗雷德里克·里萨克[2]曾经共度了一段时光。他们在全球旅行，探访水下世界，从苏格兰湖泊深不可测的湖底到看得见巨型章鱼的太平洋海沟。他们一起编了一本书，有理有据地证明了好几种传说中的海洋动物是真实存在的。回到古老的欧洲大陆后，他们一起撰写了题为《狼的诅咒》的调查报告，书中讲述的事情与《巴斯克维尔的猎犬》的故事和可怕的热沃当城事件[3]相似。

卡米耶·让维萨德是奇怪动物马戏团的表演者，是兽骨雕塑家，是流动奇物陈列室的创办人，是集市上说大话的人，是吹笛子的人，是渡渡鸟的饲养员，是喜欢吃虫子的人，也是怪物设计的教授。他同时还为巴黎复古小店“大柜台”（Le Comptoir Général）工作，为“木之魅”工作室的多米尼克·马凯工作，在史前博物馆公园为古生物学家埃里克·比弗托工作，为女歌唱家丽兹（Lise）工作，或者在电影《悲伤俱乐部》中为导演文森特·马里埃特工作。

1. 皮埃尔·杜布瓦（Pierre Dubois，1945—　），法国连环画作家，以研究世界各地童话故事、民间故事和神话故事中的精灵声而为人所知。他在1967年公开使用“elficologue”这一词（即精灵学家），向别人介绍自己的研究工作。

2. 弗雷德里克·里萨克（Frédéric Lisak，1966—　），法国记者、作家、出版家，也是自然爱好者。

3. 据传1763年6月30日至1767年6月19日，有许多不明生物袭击了法国南部小城热沃当。

让 – 巴普蒂斯特 · 德 · 帕纳菲厄
（Jean–Baptiste de Panafieu）

让-巴普蒂斯特·德·帕纳菲厄很早就对海蜘蛛、海参以及孢子丝菌感兴趣，他很快就明白：虽然这些生物的名字都很奇怪，但是让人觉得惊讶的是，这些海洋动物的确都存在。至于沙蚕（一种海洋动物，浑身长满了坚硬的丝）或者一角鲸（太平洋里的一种鱼，被称作大游蛇，并不是那么讨人喜欢），他没有机会去研究。他始终关注陆地，始终在寻找奇幻动物，先后研究过鬼笔蕈（气味难闻，很难被保存下来）、龙（长着翅膀，但是非常小，而且完全不会喷火）以及猫（完全是正常的动物）。他必须等待与卡米耶·让维萨德教授命中注定的相遇，才能最终见到真正的想象中的动物。

让-巴普蒂斯特·德·帕纳菲厄著有五十多本关于自然与科学的书，面向的是孩子或者大众读者。他筹划展览，举办社会活动、讲座，都是关于他自己感兴趣的主题，如进化、史前史、生态或者动物。他最近被引进中国的一本书叫作《演化》。

图书在版编目（CIP）数据

博物学家的神秘动物图鉴：新版 /（法）让－巴普蒂斯特·德·帕纳菲厄，（法）卡米耶·让维萨德著；樊艳梅翻译．-- 成都：四川科学技术出版社，2019.12（2023.9 重印）

ISBN 978-7-5364-9380-3

Ⅰ．①博… Ⅱ．①让… ②卡… ③樊… Ⅲ．①动物－青少年读物 Ⅳ．① Q95-49

中国版本图书馆 CIP 数据核字 (2019) 第 297747 号

四川省版权局著作权合同登记章　图进字 21-2019-615 号

Current Chinese translation rights arranged through Divas International, Paris 巴黎迪法国际版权代理 (www.divas-books.com)

博物学家的神秘动物图鉴（新版）

BOWUXUEJIA DE SHENMI DONGWU TUJIAN（XINBAN）

出 品 人：程佳月
责任编辑：胡小华
选题策划：联合天际
著　　者：[法] 让－巴普蒂斯特·德·帕纳菲厄　文　　[法] 卡米耶·让维萨德　图
译　　者：樊艳梅
责任出版：欧晓春
封面设计：@broussaille 私制
出版发行：四川科学技术出版社
地址：成都市锦江区三色路 238 号　邮政编码：610023
官方微博：http://weibo.com/sckjcbs
官方微信公众号：sckjcbs
传真：028-86361756
成品尺寸：255mm × 370mm
印　　张：16
字　　数：180 千
印　　刷：北京联兴盛业印刷股份有限公司
版次 / 印次：2020 年 4 月第 1 版　2023 年 9 月第 4 次印刷
定　　价：158.00 元

未读 | 探索家

关注未读好书

ISBN　978-7-5364-9380-3

本社发行部邮购组地址：成都市锦江区三色路 238 号新华之星 A 座 25 层
电话：028-86361770　邮政编码：610023

客服咨询

本书若有质量问题，请与本公司图书销售中心联系调换
电话：(010) 52435752

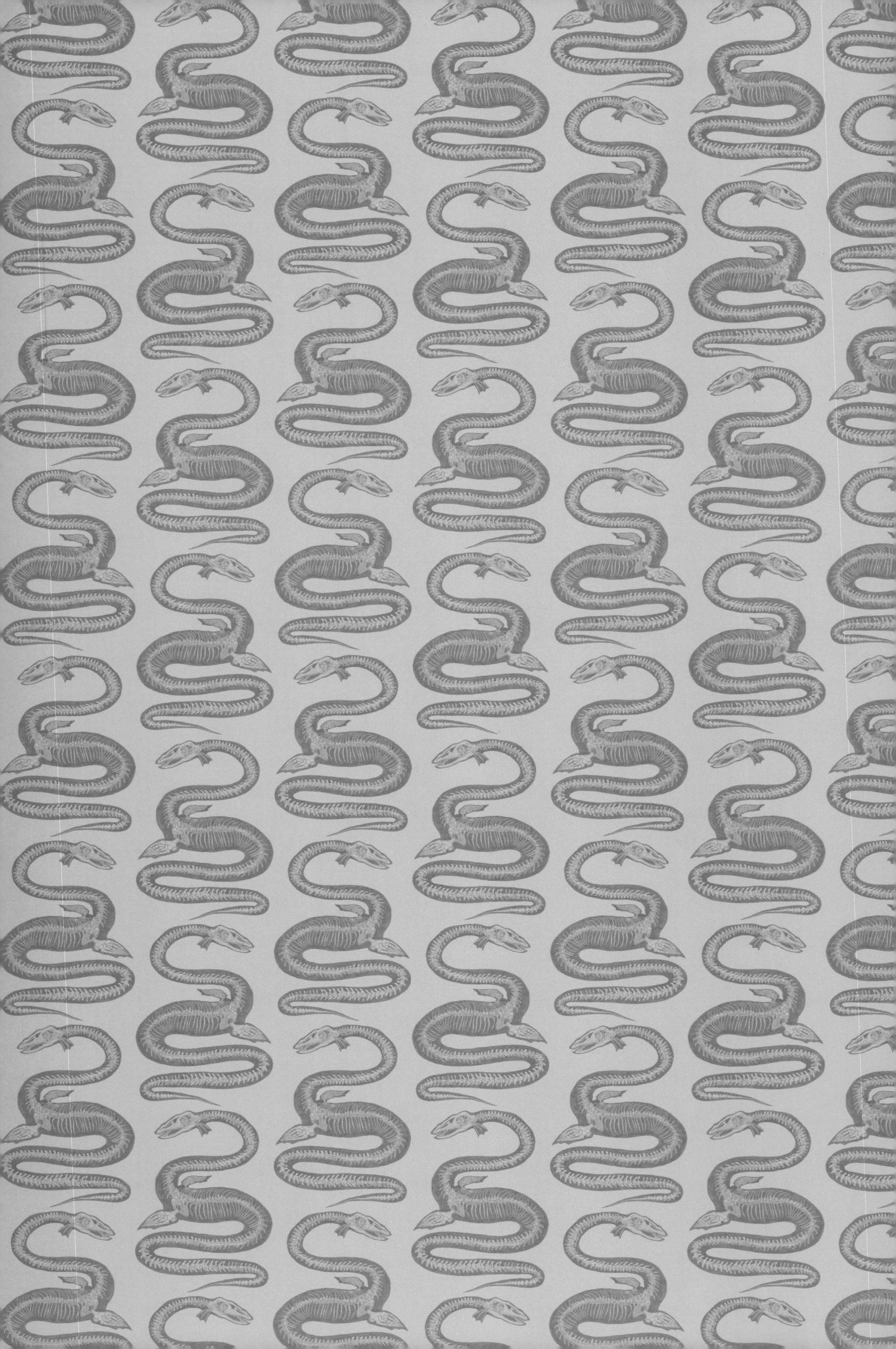